高齡兔兔的日常照護╳疾病徵兆╳疾病應對方式╳面對臨終

如何陪兔兔走完最後一程

田原調布動物醫院院長
監修／田向健一

前言

會拿起本書的讀者，想必是與兔子相遇、一起度過快樂時光、並且思考起別離問題的飼主吧。

與人類相比，兔子老化得非常快。牠們是身體狀況很容易突然惡化的生物，因此應該會有人覺得，雖然每天都過得非常幸福，但也有些許的不安。正因為不知道何時會面臨最後的時光，所以內心有著「臨終看護」的心理準備是非常重要的。

兔子的平均壽命大約是8年。也許大家會覺得才只有8年而已，但對牠們來說，這一生就像是人類的80年一樣。對於兔子來說，這應該是和家人一起度過的長久而充實的歲月吧。以生物的觀點來看，牠們會先追過飼主的年齡、走向終點。

高齡的兔子容易罹患的疾病，有症狀會迅速惡化的急性疾病，以及進展較為緩慢的慢性疾病。本書的內容以發現是哪種疾病後，一直到必須分別為止的「臨終看護」為主。為了能夠有美好的結束，書中會解說如何檢查健康狀況、每日看護、營造舒適的居住環境、觀察疾病訊號、迎接終末等等。

即使別離將近，飼主應該也希望能讓牠盡可能接受醫療。但壽命是上天決定的，有時必須冷靜接受。這不是飼主的自我滿足，請記得這件事情是為了讓兔子有個幸福的結局。

不管是剛與兔子相遇的人、正在與牠們度過快樂時光的人、或者是已經思考起別離的人。希望本書能幫助到所有飼主與兔子，讓大家度過幸福的時光。

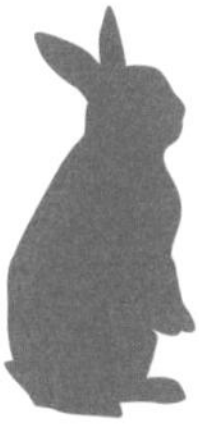

守護兔子健康的10項約定

1 請先明白兔子會比人快好幾倍面臨生命盡頭

5歲以後就是老兔子囉。要好好珍惜和我在一起的時間（P18）。

2 請讓牠接受動物醫院的健康檢查

從5歲起每半年就要帶我去檢查一次喔。每天在自家進行檢查也很重要！（P30）。

3 請發現牠正在忍耐痛苦

我們兔子不會讓人類看見自己的弱點喔。不過，身為飼主的你還是要發現我的痛苦，我們約定好了唷（P48）。

4 兔子在玩耍的樣子也必須細心觀察

如果我走路的時候護著自己的腳，或者歪著頭的話，就很可能是生病了（P62、74）。要從我平常的樣子發現異狀喔。

5 用肌膚接觸來找出腫塊

在我心情好的時候，請溫柔摸摸我的肚子和背部。
如果發現有不自然的腫塊，記得要馬上帶我到醫院喔（P80、82）。

6 如果兔子不吃飯了，馬上要警覺可能有腸胃疾病

我們的肚子可是很敏感的。如果餐點沒吃完，可能就是疾病徵兆。要好好看著我們吃飯的狀況喔。（P60）

7 尿液和糞便也是健康偵測儀

要是我一天沒有尿尿和大便的話，就要馬上帶我到醫院去喔（P86、88）。

8 請檢查牙齒狀態

如果牙齒不好，會引發很多疾病。要多注意我的牙齒長度和咬合狀況喔。（P96）。

9 為了彼此的健康，請整頓居住環境

如果養了2隻以上的兔子，請留心防範傳染病（P98）。為了能長久住在一起，請多多指教囉。

10 如果生命走到盡頭，請好好送別

我們離開，並不是想讓你感到悲傷。請你在我們身邊保持笑容到最後一刻（P140）。

目錄

USA

USA

第5章 臨終前後能為牠做的事……133

第6章 治療受傷的心靈……149

第 1 章

了解兔子的一生

末期的治療要到何種程度？

為了兔子好，不要因為飼主的希望就做多餘的治療。這絕不是放棄寵物＝家人的想法。

治療的選擇要以兔子為優先

在兔子還年輕有活力的時候，就先收集好老化以及疾病的相關資料，和家人好好談談吧。如果突然面臨變化，或者懷抱極大不安的時候，很可能無法做出冷靜的判斷。事前收集好資訊，與家人一起決定治療方針非常重要。如果有不明白的地方，請和獸醫師商量。也有些飼主會過度擔心，而在治療時提出過多要求。請各位想清楚，那些檢查和治療，真的是為了兔子好嗎？

1
要選擇對於飼主來說不會過於勉強的治療

為了能夠持續治療及照護，必須要將「勞力」、「時間」、「治療費用」都納入考量。選擇雖然非常多，但最好選擇飼主不會後悔的方式。

思考目前狀況

理解兔子的現況，然後整理自己以及家人的狀況。這樣就會明白治療以及看護方面「能做的事情」以及「辦不到的事情」。

2
高度醫療仍在研究中

能用來治療兔子的高度醫療包含CT掃描及MRI等檢查，但治療方面還在研究當中。話雖如此，如果檢查能夠得知原因的話，也可以緩和不安感。

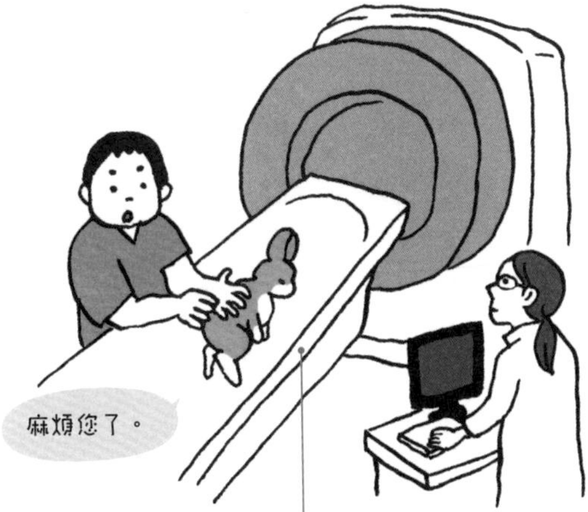

解決疑問

如果有任何不明白的事情，請馬上詢問獸醫師。這樣也能重整自己的心情。

要有讓心情放鬆的時間

如果一直想著治療兔子的事情，會變得非常消沉。留出一個能暫時忘卻兔子的時間，轉換一下心情也是非常重要的。

3
不要獨自負擔治療及看護事宜

治療及看護需要周遭的協助。有時候可以交給動物醫院，或者請朋友、寵物保母等代為照顧，留點休息時間給自己吧。

考量兔子的生活品質

打造舒適的環境，提高兔子的生活品質。就算兔子四肢衰老而臥床不起，也可以花費些心力改善生活。

飼主也能和兔子一起獲得幸福

生活品質很重要。請調整生活方式，讓兔子能夠過著充實的日子。雖然有時照護和治療真的非常辛苦，但飼主的自我犧牲並非必要條件。請記得除了兔子的幸福以外，和兔子在一起的飼主也要獲得幸福才行，就像一直以來和兔子共度的快樂時光那樣。要陪伴兔子臨終，請提高彼此的生活品質。

1 尊重兔子的個性

如果兔子因為高齡或疾病而必須改變生活，首先要考量兔子的個性。改變生活很可能造成壓力。請多做一些只有飼主才知道的、會讓你的兔子覺得開心的事情，多少為牠減輕一些壓力。

讓兔子感到安心

因為老化或疾病而變得虛弱的兔子，會比以往更加神經質。請打造一個安靜的環境，並且盡可能不要干涉牠。

2 考量生活品質，選擇治療方式

治療疾病與去除痛苦等安寧照護要一起執行。有安寧照護的話，住院就不需要太久，視症狀而定，也可能只需要在去醫院的期間治療。

遵從獸醫師的指示

就算飼主感覺兔子恢復了，也不要自行中斷家中照護以及投藥。另外，到醫院接受診療之後，請遵從獸醫師的指示。

3 保持距離守護也非常重要

請避免因為太過擔心兔子，而不斷撫摸或將牠抱起來。身體不好的時候就應該靜養休息，這點兔子和人類是一樣的。

讓兔子能夠安享天年

請為兔子考量生活品質到最後一天。

明白兔子的壽命

兔子壽命逐漸延長的理由，除了飲食生活及居住環境的提升、動物醫療進步等，飼主悉心照顧也是長壽的重大因素。

兔子的壽命大約是8年，超過5歲就是老年期

由於飼料品質提升以及動物醫療的進步，長生的兔子也愈來愈多。一般來說，和法國垂耳兔那類體型較大的種類相比，荷蘭侏儒兔這類體型較小的兔子有活比較久的傾向。但嚴格來說和體型沒有太大關係，有些兔子會年紀輕輕就死去，也有些能活到超過12歲，平均來說各品種兔子的壽命都在8年上下。請參考「兔子與人類的年齡換算表」，明白兔子年齡增長的情況。

兔子與人類的年齡換算表

生命階段	換算為人類	兔子年齡
成長期 兔子在出生後6週就會完全斷奶，但身體還非常虛弱，只要環境有所變化就很容易身體不適。這是需要多補充營養、打造健康體魄的時期。	嬰兒	2個月
	小學生	3個月
少年期 出生6個月左右就會成長到成體大小。好奇心變強、運動量也會增加的時期。	國中生	6個月
	高中生	7個月
成年～中年期 出生1年以後就完全是成熟個體了。好奇心旺盛且非常活潑，請注意不要讓牠們從高處落下。	青年	1歲
	壯年	2～3歲
	中年	3～5歲
老年期 被稱為「銀髮族」的時期。運動量減少、很容易因為氣溫變化就身體不適。身體開始不好使喚以後，有些兔子甚至就不理毛了。	老年	5歲以上

照顧重點

兔子無法像年輕時那樣到處自由活動。減少籠內不需要的物品、調整成比較好度日的形式（P50）。

1

5歲以後就是銀髮族

出生5年以上就已經是「銀髮族」了。免疫力減弱且容易生病，因此要多注意居住環境以及餐飲。也要好好進行溫度管理。

兔子的身體機能會因老化而改變

兔子會很自然地接受老化事實。飼主也為了讓兔子安享天年，盡自己的一份力量吧。

老化的訊息會出現在眼睛和牙齒？

兔子會比人老得快，從5歲左右就會明顯開始衰老。一旦發生白內障（P107），眼睛就會變得混濁、看不清楚東西。如果因為老化或牙齒類疾病導致牙齒不好（P96），很可能會無法啃食作為主食的牧草，也會對腸胃造成不良影響。另外，肌肉量會下降、毛皮不再亮麗、聽覺等五感也會衰退，這類變化都會發生。有些疾病是能治療的，發現的話請盡早與動物醫院商量。

1
在有高低差處絆倒

年輕時可以輕鬆跨越的高度，老了以後可能會絆倒。請將環境調整為老兔子也能安心度日、沒有高低差的無障礙環境（P50）。

籠子改為平房

如果就連一點高低差都會絆倒，就不要繼續養在有兩層的籠子當中。籠子裡也必須是無障礙環境。請調整居住環境。

2
不在廁所排泄

很可能不像以往會好好在廁所裡排泄。也許是因為廁所在比較高的位置而上不去、懶得動、或者無法移動到廁所的位置等等，理由五花八門。

在任何地方都可能便便

就算兔子其實並不想這麼做，卻還是有可能排泄在廁所以外的地方。如果在不同的地方發現散落的糞便，就是老化的訊號。

3
對食物的喜好產生變化

很可能因為老化，而不再吃先前食用的牧草或飼料。如果開始不吃牧草莖等比較硬的東西，很有可能是因為牙齒生病了，請帶牠到動物醫院（P96）。

味覺變化

據說狗或貓都會因為老化而產生味覺變化。兔子有時候也會發生這種狀況。

兔子的壽命會因環境而改變

健康管理、驅除寄生蟲、打造低壓力的環境等，請飼主實踐能夠讓兔子長壽的各種事項。

早期發現早期治療，目標是長壽兔兔

只要能夠早期發現、早期治療疾病，兔子的壽命就能夠延長。為此，※健康檢查與平常的健康管理是不可或缺的。另一方面，就算是健康且年輕的兔子，也很可能因為墜落等意外，或者壓力原因而突然死亡。對人類來說非常輕鬆的高低落差或者聲音、家具等，對兔子來說都有可能是非常糟糕的環境。因此平常就要多加注意安全，盡可能打造出低壓力的環境。

※　4歲以後就要每年檢查1～2次。

1
不要讓牠過度肥胖

一旦變胖，皮下及內臟都會囤積脂肪。這樣會造成腸胃蠕動狀況不佳、也會對食慾產生影響。體重增加也可能會造成腳底發生潰瘍。為了防止肥胖，要讓牠還能動的時候在房間內散步。

每天散步一小時

兔子喜歡固定的生活模式，因此在房間內運動最好都在相同的時間。有時候在戶外散步對牠來説壓力很大，千萬不能勉強。

每週測量一次體重

每次都要記錄體重。另外，也要觸摸身體確認肋骨和脊椎。如果能明顯摸到硬梆梆的骨骼，就是太瘦了；摸不到骨骼的話就是太胖了。

2
防止不測發生

防止兔子因為墜落而骨折是非常重要的。如果牠爬到高處，要立刻讓牠下來。為了不要在有人抱牠時躁動，最好平常就要多摸摸牠、練習把牠抱起來。如果能善用零食練習，就算是高齡兔子也會逐漸習慣。

防止意外

只要整頓環境便能防範未然。請務必將安全環境與接觸方式放在心上，採取正確對策。

3
左右身體狀況的壓力

兔子是很容易感受到壓力的生物。如果經常受到驚嚇、感到害怕，就會對身體產生不良影響。請排除噪音、氣溫變化等會造成壓力的原因。

考量看護

一旦想著兔子的事情，就很容易「這個也想要那個也想要」，結果做出多餘的事情。因此看護的內容也請和獸醫師商量。

讓兔子安心的環境

請將籠子放在寧靜又舒適的房間當中。室溫為20～25℃、濕度為40～60％較為理想。兔子非常不喜歡濕熱，因此請活用空調及除濕機。

開始「臨終看護」的時期

臨終看護是為了讓兔子舒適地走完最後一程。可以先與平常求診的獸醫商量，這樣會比較放心。

發現危及性命的疾病，就要開始臨終看護

攸關性命的疾病之中，有急性病症，以及慢性病症。不管是哪種，只要發現了就必須開始進行臨終看護。急性疾病的主因多半是腸胃功能衰退，有時候甚至幾天就會死亡（P94）。慢性疾病則有心臟衰竭、腎臟衰竭等，有些在治療以後可以延長半年左右的壽命。而老化也可能造成身體機能衰退、骨折、臥床不起等（P110～115）。臨終看護對於老兔子來說是不可或缺的。

1
不要以年齡判斷，要取決於狀態

老化的影響會因個體而有所差異。請觀察兔子的狀態，判斷是否需要照護。不要認為牠還年輕就一定很健康；就算很健康，如果已經年紀大了，還是要接受牠已經老了的現實，這是非常重要的。

盡早收集資訊

最重要的就是收集治療及看護相關的資訊，要在兔子發生變化前、還健康的時候就開始做。

2
也要前往醫院治療

攸關性命的疾病就算是心臟衰竭、腎臟衰竭、牙齒疾病（咬合不正等，P96），只要定期做健康檢查就能早期發現。就算很難痊癒，只要能夠早點治療，還是能夠延長壽命。

養成定期健康檢查的習慣

和貓狗不一樣，許多兔子飼主並沒有定期帶兔子前往獸醫看診的習慣。為了避免事出突然，請固定去找同一位醫師，從4～5歲起，就讓牠每年接受1～2次健康檢查。

如何選擇固定醫院

離家近、獸醫問診說明非常仔細、習慣照顧兔子、治療費明細清楚等，都是判斷的方式。

3
給兔子的藥物

給兔子的藥物種類主要是抗生物質、止痛藥、消炎藥、整腸劑、眼藥等。因為沒有兔子專用的藥，因此是使用對兔子無害的人類藥物，或者是其他動物用的藥。於自家進行投藥雖然需要點訣竅，但並不困難。（P126～128）

COLUMN

1

長生的祕訣在於不施加壓力

為了要讓老得比人類還要快的兔子能夠活久一些，應該要做哪些努力呢？兔子長生的祕訣，其實就和人類一樣。最重要的就是生活不要有壓力。

壓力大致上可以區分為精神上的壓力以及身體上的壓力。精神上的壓力，在感受到恐懼及不安的時候會增強；而身體方面的壓力，則會因為痛苦、疾病、氣溫變化等等，身體在承受負擔的時候，壓力就會變大。依情況也可能同時感受到兩種壓力。

當動物感受到這些壓力的時候，腎上腺會分泌皮質醇（壓力荷爾蒙）。這是為了讓身心在承受壓力的狀況下不要變得太虛弱，用來緩和衝擊的荷爾蒙。但是皮質醇雖然具有避免身體發炎的功效，卻也會使免疫力下降，因此如果持續感受到壓力，各種身體不適情況的風險就會提高。為了保有健全的免疫力，最重要的就是減低壓力。

為了幫助兔子減低壓力，飼主最應該留心的事情為以下三項：適當的飲食、環境，以及與人類（飼主）保持適當距離。

第 2 章

自家內臨終看護

何謂自家內「臨終看護」

為了讓兔子過得舒適，專門店裡也販售許多照護相關產品。也可以活用狗、貓或者人類用的產品。

整備環境進行照護，保持生活品質

攸關性命的慢性疾病是很難痊癒的。在所剩不多的幾個月當中，身體機能會逐漸降低。有時候也許還得去住院，但若要在自家內進行「臨終看護」，就要配合兔子的狀態來調整環境，維持牠的生活品質（P50～53）。兔子是很難確定還有多久生命的生物。請和獸醫商量，配合兔子的狀態，來決定臨終看護的進展。

1
在餐點、飲水方面下工夫

配合兔子的年齡及身體狀況選擇餐點（P32～37）。如果有牙齒方面的疾病，或者食慾不振，那麼在餵食方面也要多下工夫。水可以同時使用給水器及水盆，讓牠能夠自由飲用（P38）。

考量水的位置

如果兔子已經很難仰著喝水，那就將水擺在兔子的腳邊，這樣不用站起來也能喝到水。

2
配合身體狀況調整環境

如果腰腳變得虛弱，很可能連非常低的高度都跨不過去。請在籠子的出入口或者廁所的高低落差處擺上輔助板等工具，配合牠的身體狀況調整環境（P50～53）。

輔助板取得方式

輔助板可以在寵物店或兔子專門店買到。另外也可以使用百元商店的產品來手工製作，不但便宜，也可以配合不同兔子做成需要的樣子。

3
舒適的睡眠從床鋪開始

與其給身體虛弱的兔子一個窩，不如讓牠睡在低反發墊子上，或者吸水性佳的浴室腳踏墊等這類有厚度的床鋪。牠身體不舒服的話，很容易手足無措、一直亂動，所以幫牠調整成手腳放好的姿勢也是非常重要的。

支撐身體的時候要撐住腰

如果要幫牠站起來，請撐著牠的腰。

務必每天檢查身體狀況，不可怠惰

5歲以後就是老兔子了。請每年帶牠去動物醫院做1～2次健康檢查。每天在家的檢查也是不可或缺的。

檢查「食慾」、「糞便狀況」

不能放過任何變化，請務必發現兔子身體不適的訊號。兔子是草食動物，如果身體健康，會一直吃東西。如果吃的量比平常少，就很可能是身體有異常狀況。平常就要好好觀察牠全身的樣子、食量等等。糞便的狀態也會大略顯示出腸胃的情況。兔子一直蹲在某處不動，或者完全不喝水，都是非常危險的狀態，請盡快帶牠到醫院。

發現變化

每日身體狀況檢查表

只要有其中任何一個症狀，就帶牠去醫院吧。

- ☐ 沒有食慾（大概有半天沒吃東西）→ P60
- ☐ 磨牙 → P61
- ☐ 似乎呼吸困難 → P64
- ☐ 眼睛顏色不同、流眼淚 → P66
- ☐ 耳朵中有髒汙 → P68
- ☐ 流鼻水 → P70
- ☐ 嘴巴周遭溼答答 → P72
- ☐ 有皮屑 → P76
- ☐ 屁股周遭髒髒的 → P85
- ☐ 尿中帶血液 → P86
- ☐ 尿尿的顏色、氣味、量和平常不同 → P86
- ☐ 半天以上沒有排便 → P88
- ☐ 糞便的顏色、大小、氣味、量和平常不同 → P88

在主食下工夫進行營養管理

牧草含有大量植物纖維，能夠促進腸胃蠕動，
可以幫助兔子排出理毛時吞下的毛髮。

主食就決定是牧草！

兔子的主食是牧草和飼料。尤其是纖維質豐富的牧草，能促進腸胃蠕動。如果肚子裡沒有牧草，腸胃的蠕動就會停止、甚至可能有死亡的危險。也可以提供飼料，但主要還是給牠牧草比較好。

牧草主要分為禾本科的貓尾草和豆科的紫花苜蓿兩種。禾本科纖維質多但營養價值低；豆科纖維質較少，但是蛋白質含量高、營養價值較豐富。請配合兔子的身體及健康狀況來選擇。

※ 注射器是指沒有針頭的針筒。

1 選擇牧草要慎重

牧草通常會給予第一穫（譯註：當年第一次播種收成）的貓尾草。如果兔子太瘦，也可以給予營養價值較高的紫花苜蓿；若是稍微肥胖，就建議給予第二穫的貓尾草，卡路里比較低。飼料可以每天給兩次，晚上比早上多一些。

深奧的牧草

除了一般的乾燥款以外，還有半生款、新鮮款等，費盡各種工夫處理的牧草。新鮮牧草的特徵是香氣強烈，兔子非常愛吃。

2 要決定好飼料的分量

飼料是牧草與其他食材混合製作而成的固體物品。可以攝取到大量營養，但若給太多就會造成兔子肥胖。一天的分量大約是體重的1.5～3%。

種類豐富的飼料

在兔子專門店當中，會販賣各式各樣的兔子飼料。有小兔子或老兔子用、長毛種用飼料等，請依據自己的兔子選擇含有牠所需營養素的飼料。

3 讓牠吃飯的祕訣

有些兔子特別喜歡新鮮牧草或切好的牧草，請試著更換種類。如果牠已經無法自行進食，那就使用※注射器強制餵食（P129）泡軟的飼料或者流動食品。

將飼料泡軟的方法

如果用熱水來泡，會破壞維他命。因此請使用人類體溫（35～37℃）的溫水來慢慢泡軟飼料。

注意不能給太多副食蔬菜

看到兔子吃得很開心，不免想多給牠一些，但要謹記蔬菜只是副食。只能在促進食慾以及鼓勵的時候使用。

用容易提起兔子興趣的蔬菜來刺激食慾

蔬菜容易提起兔子的興趣，營養價值也高，是兔子很愛吃的食材。

這並非絕對，但如果兔子由於老化或疾病而逐漸失去食慾，那麼給牠蔬菜也許能讓牠恢復活力。

請以黃綠色蔬菜為中心，選擇紅蘿蔔、綠花椰、白花椰等纖維質含量高的蔬菜。碳水化合物成分高的根莖類蔬菜會在腸內異常發酵，有導致兔子腹部腫脹的危險，請不要給兔子吃這些。

1 以蔬菜提高兔子的食慾

能夠提起兔子興趣的蔬菜，可以作為飼主在照護牠的時候，讓牠對某些行為感到習慣的獎勵；也可以活用在老兔子飲食發生變化時，以提高兔子生活品質的。

要謹記蔬菜不是主食

兔子經常被描繪成在啃著紅蘿蔔的樣子。但是，紅蘿蔔等蔬菜並非牠們不可或缺的食物。請先讓牠吃牧草或者飼料。

2 如果看起來有些脫水，就給牠葉菜類蔬菜

若兔子有脫水症狀或者腎臟衰竭，請給牠含有大量水分的高麗菜、青江菜等葉菜類蔬菜。如果飲水量減少，也可以給牠葉菜。摘來的三葉草也OK。

煮過的蔬菜更有效果？

如果給予蔬菜的目的是補充水分，飼主很容易誤以為煮過的蔬菜也可以。但其實兔子討厭溼答答的牧草，因此也可能會討厭煮過的蔬菜。

3 牙齒虛弱的話就打成蔬菜汁

如果兔子的牙齒虛弱，也可以把牠喜歡的蔬菜打成汁。就算牠不主動去吃，也可以使用注射器餵牠流動食品（P129）。

小心果汁機的大音量

雖然是為了兔子而打果汁，但要是果汁機的運作聲嚇到兔子那就前功盡棄了。請使用研磨工具等，處理的時候小心噪音。

以點心和營養食品補充營養

零食請控制在「下午茶」時間給牠，這樣可以促進食慾及補充營養，順利的話還能增進健康。

幫助提升食慾的水果及營養食品

兔子的餐點其實只要有主食牧草就夠了。

如果要給牠零食，除了牠的喜好以外，也要考慮成分。舉例來說，含有較多纖維質的水果或者乾燥食品，具有能夠促進腸胃蠕動的效果，可謂一石二鳥。新鮮水果營養豐富；乾燥水果的優點則是方便。而營養食品有不同種類及效用。請和動物醫院及專門店商量過後，再依據兔子健康狀態來選擇。

1
真的沒有食慾再給牠

水果和兔子用餅乾的卡路里及糖分都高，給太多的話反而會造成兔子的身體負擔。同時也會造成肥胖及蛀牙，因此要盡量避免給牠這些東西。

不要忘記牠是草食動物

在疼愛兔子的時候，很容易就會不小心拿人類的食物給牠吃。但請記得兔子是草食動物，牠原本是不吃植物以外的東西的。

2
給予纖維質豐富的零食

枇杷葉、蘋果、大麥嫩葉等含有大量兔子所需要的纖維質，在零食當中也屬於卡路里比較低的，非常適合微胖的兔子。

根莖類NG

根莖類蔬菜以食物纖維豐富聞名，但是同時也含有大量碳水化合物。除了食物纖維以外也飽含碳水化合物的根莖類，對於兔子來說是非常危險的食物（P34）。

3
以營養食品補充乳酸菌

營養食品有具備整腸功效的、還有補充營養的。請和動物醫院或者專門店商量，好好使用來調整兔子的身體狀況。

不要給予腸胃刺激

兔子的腸胃非常纖細，因此請遵守營養食品的用量。除了藥錠以外也有膏狀產品。

讓牠喝新鮮的水

老兔子的食慾和腎臟功能都會衰退，必須要攝取充足的水分。請留心兔子必須經常喝水。

知道兔子需要喝的水量，養成牠喝水的習慣

飲水量會受到餐飲分量影響。如果吃飯量變少的話，飲水量也會減少。兔子原本應該是經常喝水的動物，一天需要的飲水量，約是體重1kg就要100ml。另外，老兔子因為腎臟機能衰退，保持水分的能力也會下降，很容易發生脫水情況，還請多留心兔子有沒有在喝水。如果飲水量下降的話，除了在餐飲方面多下工夫以外，也要在飲水方面多花點心思。

1
放水時多下點工夫

就算兔子年輕的時候是用水瓶喝水的，年齡增長後也可能沒辦法這樣喝。請更換成放置水盆等，讓兔子比較容易喝水。

無法再使用水瓶的理由

兔子年紀一大就可能沒有體力將頭部舉起，舌頭的動作也會變得非常遲鈍，加上視力衰退可能看不到瓶子在哪裡，這樣就無法再繼續使用水瓶。

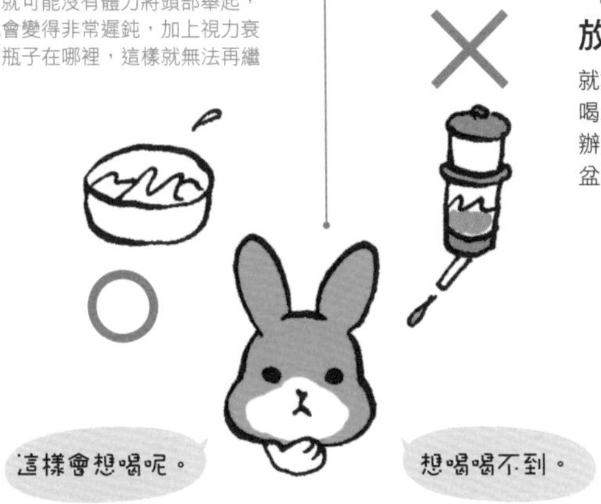

2
如果無法自己喝水就幫幫牠

如果兔子已經無法自己喝水，那就用滴管或注射器（沒有裝針頭的針筒）。讓牠趴下來或者橫躺狀態下，撐著牠的頭，讓牠慢慢喝水。

注意不要嗆到

如果使用滴管或注射器餵水給牠，最重要的就是配合牠喝水的速度。如果快速擠壓滴管或注射器，導致大量水流入兔子口中，而牠喝不完的話，就有誤入氣管的危險。

3
以有味道的水吸引牠的興趣

如果飲水量太少，可以用蔬菜汁、蘋果或鳳梨果汁、運動飲料等，幫水加一點味道，這樣也能夠增加牠的水分攝取量。

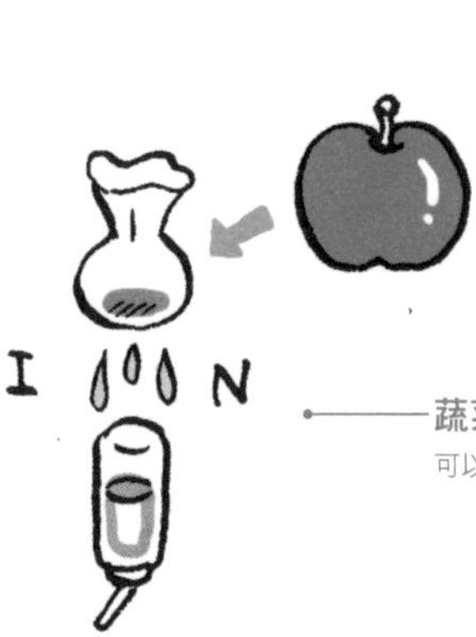

蔬菜或果汁的處理方式

可以用果汁機打碎，也可以用磨的。

幫忙牠進行排泄

觀察尿液或糞便的狀態，可以確認兔子的健康情況。請幫牠打造一個最好的排泄環境。

以排泄物狀態每天檢查健康情況

要仔細觀察糞便的「硬度」、「顏色」、「氣味」、「大小」、「分量」。健康狀態的糞便會是綠色或棕色，很接近牠吃下的牧草顏色；大小則是小鋼珠的尺寸；而硬度應該是按下去就會以乾燥狀態碎裂的樣子。糞便量減少可能是便祕。如果尿液和平常的顏色不同或有點稠稠的，就該就醫了。

如果因為老化導致腰腳衰弱，排泄就會更加困難，可能要幫助牠排泄。

讓兔子好好運動

狹窄的籠子會讓兔子無法好好活動。請讓牠從籠子裡出來，在室內放上柵欄，讓牠好好跑一跑。

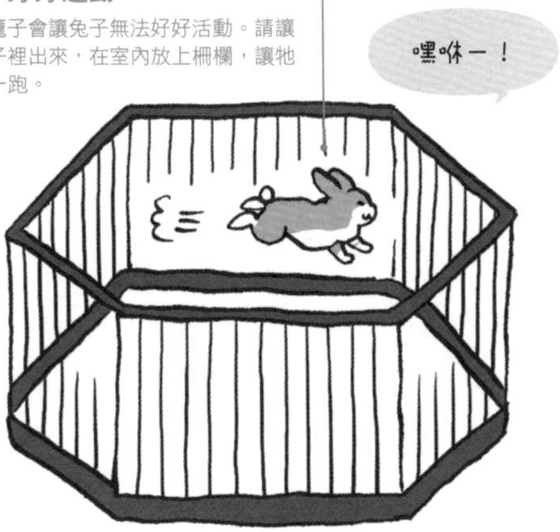

1 如果兔子便祕，就讓牠運動

便祕的原因五花八門。如果原因不是疾病，而是慢性便祕的話，為了促進腸胃蠕動，就讓牠運動的比平常久一些。另外，也要給牠蔬菜、纖維質較多的牧草（貓尾草）。

2 配合狀態DIY手工廁所

如果兔子自己還能動，但是無法跨過廁所的高度，可以在籠子一角放上木板條板等物品來代替廁所。如果髒掉了就拿去清洗，隨時留心保持清潔。

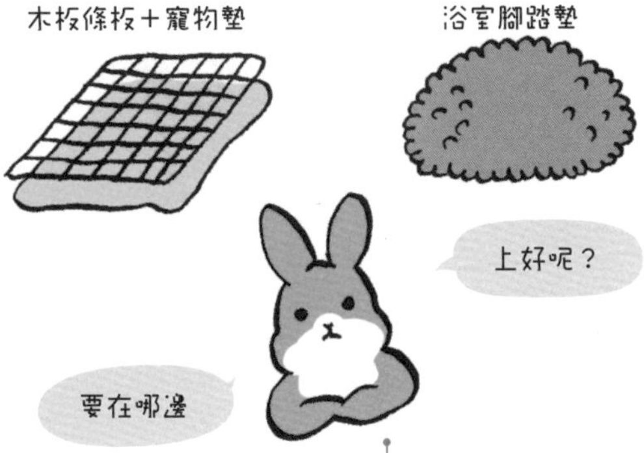

觀察兔子狀況隨機應變

可以用木板條板、寵物墊等搭配組合來嘗試，找出適合兔子本身的廁所環境。

3 排泄時幫牠站好

兔子如果腰腳衰弱，就很難自己站起來。請用兩手支撐兔子的腰部，這樣牠會比較好站，有助於排泄。

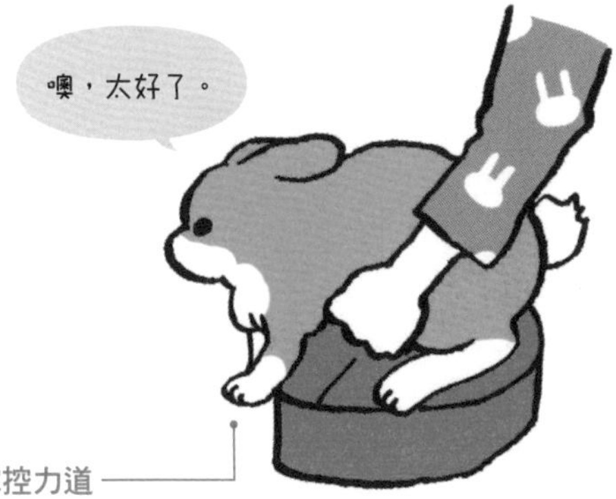

要小心掌控力道

兔子的骨骼很脆弱，如果太用力會害牠骨折。

好好清潔屁屁周圍

洗澡或者吹毛對於兔子來說是壓力很大的事情。每天檢查一下屁屁周遭，經常使用毛巾幫牠擦一下。

屁屁周圍要經常清潔

兔子並不需要洗澡，但若是因為拉肚子而弄髒屁屁，那麼還是要幫牠洗一下。如果漏尿的話也一樣要清潔。若是屁屁周圍的毛一直溼答答，很容易導致尿灼傷，也就是皮膚發炎，必須特別小心。

髒掉的部分使用濕毛巾擦拭就可以了，但髒汙嚴重的話，可能還是需要部分清洗。若自家無法進行就不要勉強，請讓動物醫院或兔子專門店處理。

1 用濕毛巾擦

如果在牠排泄後發現屁屁周遭髒髒的，就用濕紙巾或者溫熱的濕毛巾，幫牠把弄髒的地方擦乾淨吧。

幫忙維持牠的整潔

兔子是喜歡乾淨的動物，如果因為疾病或老化而無法好好理毛的話，壓力會很大。請輕手輕腳地幫牠擦一下吧。

2 剪掉屁屁周遭的毛

如果兔子容易拉軟便，那就先將屁屁周圍的毛剪短，這樣會比較好清理。如果覺得使用剃刀很困難，那就請兔子專門店處理吧。

使用剪刀時請特別注意

就算只是想稍微剪掉打結的地方，刀尖還是有可能會戳到皮膚。使用剪刀時，請絕對要小心不能傷到皮膚。

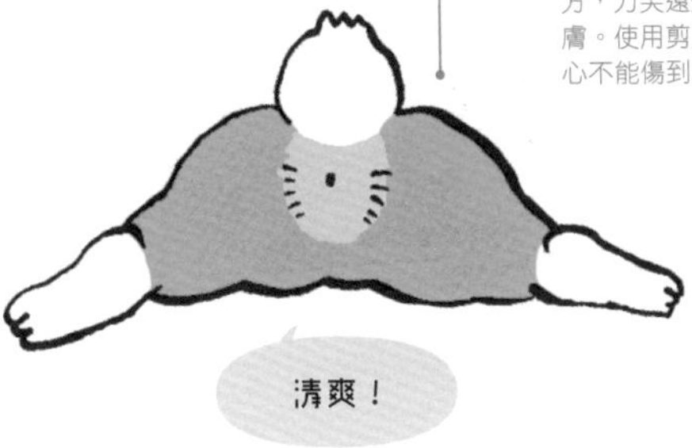

3 只洗屁屁部分，下手輕柔

如果只用擦的還是弄不乾淨，或者髒汙嚴重的話，請使用大約38℃的溫水清洗屁屁部分。若是要使用洗髮精，一定要沖乾淨。市面上也有兔子專用的洗髮精。請飼主幫牠保持清潔。

洗澡絕對NG

對兔子來說，全身泡在溫水裡是非常大的壓力。請幫牠清洗髒掉的部分就好。

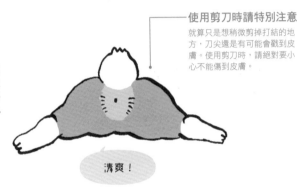

毛會帶來麻煩

兔子在有活力的時候會自己理毛，但體力衰退就會不再理毛了。

幫兔子刷毛，照顧牠內心與外觀的健康

為了維持兔子的健康，刷毛來保持毛皮清潔也是非常重要的。兔子如果吞下太多自己掉落的毛，會在腸胃中堆積成毛球，造成腸胃鬱滯[※1]（毛球症）。換毛期[※2]雖然有個體差異，但若發現脫毛量變大，一定要仔細為牠刷毛。如果牠無法好好待著讓你刷，那也不要勉強，請動物醫院或者兔子專門店幫忙吧。

※1　因故導致腸胃機能低下之症狀總稱。

※2　如果是養在室內的兔子，在溫度與濕度保持一定的空間當中，自律神經不會遭到刺激，換毛期可能會變得不是非常固定。基本上來說夏季到秋季會由夏毛換為冬毛；在春天的時候則會由冬毛換為夏毛。

1
刷毛的頻率

短毛種大約2、3天一次，澤西長毛兔等長毛品種最好是每天刷。老兔子有時會覺得刷毛很累，但最少也要每週刷一次。

2
刷毛的重點

先使用鋼毛刷把毛球刷開，並把那些浮上來的落毛刷掉，最後再用豬毛刷來理毛流。刷毛的時候要從屁股的部位慢慢往頭部刷。若是長毛種的兔子，在用鋼毛刷前，要先用排梳將毛流刷開。

刷子要依據用途區分

兔子專門店有賣各式各樣的梳子，請依據兔子的狀態來購買。換毛期推薦使用橡膠梳。橡膠的黏著力能夠比較輕鬆抓取脫落的毛。

全身毫無遺漏的照顧

除了容易看見的背上及頭部以外，也要整理腿根和肚子的毛流。不過肚子的皮膚非常柔軟，因此請不要使用梳子，用手輕柔地幫牠整理吧。

不要讓房間裡都是毛

刷毛之前先在地上鋪個東西，這樣收拾掉落的毛也比較輕鬆。

3
長毛種一定要定期刷毛

長毛種的毛很容易打結，因此必須要仔細刷毛。兔子隨著身體老化，會不再自己理毛。在這種情況下幫牠把毛剪短也是個方法。

適度運動維持機能

為了不讓牠的肌力過於衰退，必須要有適當運動。只要身體狀況沒有太差，就把牠從籠子放出來，讓牠玩一下吧。

將運動當成溝通的時間

老兔子和年輕時候相比，肌力衰退且腰腳虛弱。話雖如此，若是不動動身體，關節和肌肉都會變得僵硬，那麼就會連一點小動作都無法進行而動彈不得了。因此讓牠多少運動一下、刺激肌肉是非常重要的。請觀察兔子的身體狀況，將牠從籠子放出來，給牠玩耍的時間。如果牠有喜歡的玩具，應該會很認真地玩，這樣的話一天大概1到2小時左右。

兔子按摩

從頭部後方沿著背脊往屁股方向，使用三根手指輕輕撫摸，就是非常充分的按摩了。

1 按摩也非常有效

如果牠不討厭人撫摸的話，就溫柔的幫牠按摩身體吧。按摩除了能夠促進血液循環，也能夠刺激肌肉。不過若兔子身體狀況不好、自己動彈不得的話，還請靜靜地在一旁守護牠。

2 以牠喜愛的食物或玩具引誘

如果從籠子放出來了，牠卻還是不太動的話，可以用牠喜歡的零食或玩具來誘導。也可以使用能吃的玩具。

玩具種類豐富

有能夠在中間放牧草滾動的類型等非常有意思的玩具，兔子專門店有很多這類商品。

家人要小心腳邊

如果有家人沒注意到兔子的存在，很可能會在室內放跑的時候踩到兔子。因此要先告訴家中所有人，再把兔子放到房間裡。

3 室內放跑前要收拾好

要讓兔子在室內自由活動，進行「室內放跑」之前，請先把兔子可能會不小心咬了就吞下的東西都收起來，也要注意牠會不會因為高低落差而摔倒。

發現疼痛，正確應對

仔細觀察兔子，如果發現牠看起來在痛，就和獸醫商量，適當使用藥品來照顧牠。

積極加入緩和照護

若是兔子的疾病伴隨著疼痛感，請和獸醫商量，同時使用止痛劑等藥物，進行緩和照護會比較有效。關節炎、消化器官疾病、牙齒疾病等，這類會帶來疼痛感的疾病其實並不少。兔子應該是很難忍受痛苦的生物，為了幫牠多少減輕疼痛帶來的壓力，臨終看護的時期最好讓牠過得舒服一點。

兔子沒辦法用語言訴說痛苦，請飼主參考左頁，發現兔子的疼痛。

1
一動也不動
草食動物為了在自然界存活下去，性格上不願意讓其他動物看到弱點。兔子也是一樣，因此很會忍耐痛苦。如果牠一動也不動，或在磨牙的話，就很有可能是在忍耐痛苦、試圖隱瞞。

緊急度較輕

最重要的是分辨出牠是因為非常安穩所以不想動，還是因為有哪裡疼痛而一動也不動。食慾的有無是非常重要的判斷依據。如果吃的東西剩下了，就可能是身體變化的徵兆。

2
維持趴在地面的狀態
不動的時間變長了、食物剩下來的日子變多了。頭往下垂、採取趴在地上的姿勢，那就是身體狀況惡化的訊號。

緊急度中～高

如果出現這個症狀，請盡速帶牠到動物醫院去。請醫師開藥，幫牠去除疼痛。

3
帶到動物醫院
為了讓醫生正確診療，必須要說明兔子的狀態。請具體說出症狀大約從何時開始、是什麼樣的狀態等等。

養育日記非常有幫助

如果有在寫養育日記，那就帶去醫院。若是有紀錄飯量、不動的時間等，或者是有照片和影片紀錄，都能成為診療的依據，可以將更加詳細的情況告知醫師。

打造無障礙舒適環境

一旦體力衰退，就可能發生意外。除了籠子內，也要多留心室內環境。

安心、安全的空間能防止意外

為了讓老兔子能安心度日，最重要的就是調整居住環境。兔子的體力會隨著年齡增長而減弱，腰腳也會變得十分虛弱。年輕時可輕鬆跨越的高低落差，年老後也可能跨不過去。如果開始進行臨終看護，那麼就幫牠去除籠子裡的高低落差吧。將牠從籠子裡放出到房間，也可能會發生不經意打滑、翻倒、撞到東西等等意外。為了防止意外，請盡可能幫牠打造舒適的空間。

1
房間裡到處都是危險

一不小心兔子就會去啃咬的觀葉植物、小東西等都要收起來。另外，為了防止掉落意外，也不要擺放能讓兔子爬上高處的東西。

藏起所有牠能放進嘴裡的東西

一個不注意，兔子就可能在人沒看著的時候，把人類的營養食品當成自己的而一口吞下去。雖然牠們不會像狗那樣，什麼東西都往嘴裡塞，但可能誤食的東西還是先藏起來吧。

2
家具也會成為加害者

兔子喜歡進入黑暗又狹窄的地方。如果肌力衰退，有些地方可能進去了就出不來，因此家具之間最好不要有縫隙。

會勾到爪子的地毯也NG

請使用短毛的地毯或地墊等，以不容易勾到爪子的材料製成的物品。

3
不要移開視線

就算已經把危險的東西都移開，一旦沒看著牠，還是很有可能會受傷。如果放牠在房間裡玩，請務必關上門、好好守護著牠。

把門關好

如果門開著，牠很可能會跑到東西沒收好的房間，並且很可能會被門夾到，所以在室內放跑前請務必確認門是否關好。

注意腳邊

有時候會沒發現兔子來到腳邊，為了不要發生踩踏意外，絕對不可以將視線從牠身上轉開。

4
安全的籠內擺設方式

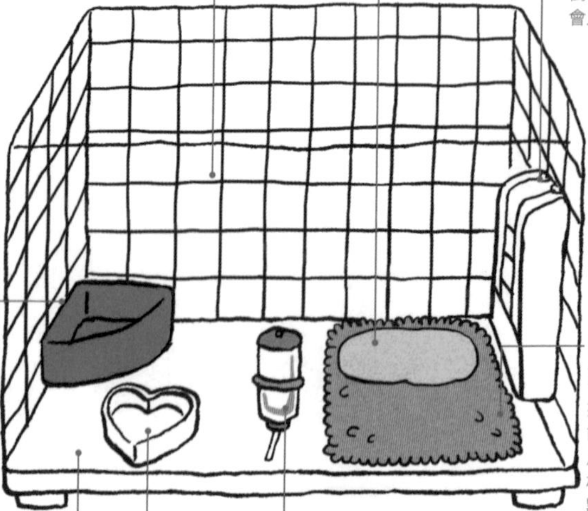

床放在角落

用來當成床的小窩，與其放在籠子正中央，還不如放在鄰接牆壁處，這樣會兔子感到比較安穩。為了讓照護上輕鬆一點，兔子老了之後就不要放窩，改成鋪毛巾的空間。

兔子老後就不能有高低落差

當兔子腰腳虛弱、視力衰退時，就算落差很小也有摔倒的危險。請排除所有高低落差。

餵食器要固定好

用來放貓尾草的餵食器要擺放在離廁所比較遠的地方。為了讓兔子就算不小心撞到也不會翻倒，採用固定式餵食器會比較好。

廁所要遠離餵食器

將廁所放在離餵食器比較遠的地方。如果已經無法跨過廁所的高度，那就拆掉原先的廁所，改成鋪上寵物墊。

考量對腳底的負擔

如果不好走路，很可能會引發兔子腳底的皮膚炎。可以鋪上木板條或者腳踏墊，下點工夫幫牠減輕腳底負擔。

裝置在容易飲水的高度

罐型的飲水器要放在就算兔子不用抬頭也能輕鬆飲用的高度。如果已經無法使用罐型飲水器，就準備放置型的水盆。

鋪好寵物墊

如果腰腳虛弱，很可能走不到廁所那裡。為了讓牠可以隨處排泄，要先鋪好寵物墊，這樣一來打掃排泄物也會比較輕鬆。

坐著吃也沒問題的高度

放飼料的餵食器，要設置在就算兔子坐著也能享用的高度。最容易用餐的高度是3cm左右。

5 打造能讓兔子安心居住的房間

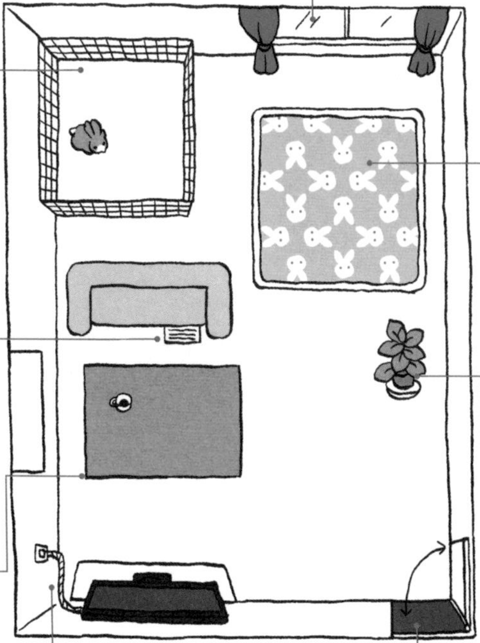

通風良好、避開日光直射處較佳

老兔子不太能調節體溫。為了防止牠中暑，請將籠子放在通風良好的房間裡。也請避免擺在直射日光的窗邊。

角落比較安心

兔子在籠裡會感到安心的地方，並不是房間正中，而是靠牆之處。要注意不要讓空調直接對著牠吹。

不會勾到爪子的材質

如果讓兔子在室內玩耍，請鋪上不會勾到爪子的短毛地毯或地墊。因為地板會滑，可能造成牠的腰腳負擔。

沙發要架斜坡

就算是牠年輕時可以跳上跳下的地方，腰腳及視力衰退以後也有失敗的危險。請幫牠設置斜坡。

請收起可能讓牠中毒的東西

花草當中有許多兔子吃了會中毒的東西。把牠從籠子裡放出來的時候，請將觀葉植物放到牠無法觸及的地方。

盡量不要更換擺設裝潢

由於視力衰退，很可能會撞到東西。加上環境變化也會造成壓力，可以的話盡量不要更動房內擺設。

亂咬東西很危險

兔子亂咬插座或是電線的話會觸電，可能導致死亡意外。為了不讓兔子亂咬，請先做好防護措施，例如用防護套包起來。

遠離噪音

兔子對於聲音非常敏感，如果很吵的話會造成牠的壓力。籠子請遠離門及電視等物品，可以的話就設置在安靜的場所。

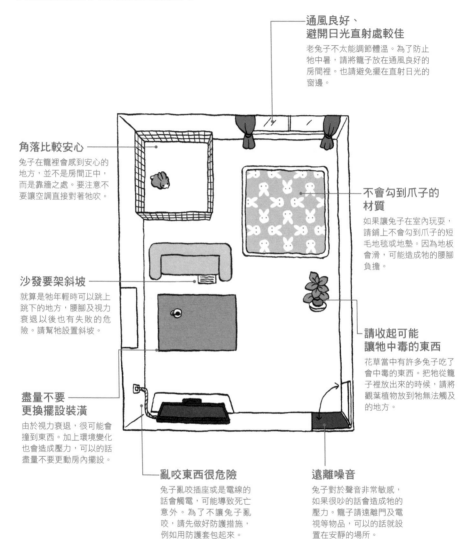

室內因應不同季節調整為最佳溫度

確認兔子所在之處的溫度及濕度、掌握具體數值，對於診療也非常有幫助。

溫濕度管理是每天例行作業

室內溫度基本上要使用空調來管理。溫度調整的原則是，夏天不能高到28℃以上、冬天不能低至15℃以下。濕度請使用空調的除濕功能及加濕器，一整年都要保持在40～60％。

就算將空調設定在剛剛好的溫濕度，也不一定能讓整個房間都維持相同的溫濕度。因此請將溫濕度計放在籠子旁邊，時時留心確認。季節更迭的時候，寒暑溫差會非常大，特別需要多注意。

1
梅雨季節要進行濕度管理

在濕度高的梅雨季節，濕度管理是非常重要的。如果兔子生活的籠子內溼答答的，很可能會長疥癬或發霉，千萬留心不能讓牠的皮膚發炎。

吃剩下的東西要馬上收拾

牧草和飼料都要完全密封保存。吃剩下來的也不要就放著不管，請馬上收拾起來。

2
夏天的大敵是中暑

兔子是非常不耐炎熱高溫的動物。如果處在高溫高濕環境下，很可能會中暑。就算是外出的時候，也請開著冷氣和除濕來進行溫濕度管理。

讓牠涼一些的辦法

用毛巾包裹冰凍的寶特瓶之後放在籠子上方，就能夠大大改善溫度。也可以把市售的冷卻墊等物品放在籠內。

3
冬天只有局部暖爐也OK

有許多飼主會在睡覺的時候關掉暖氣。可以在籠內放置寵物加熱器或者熱水袋等，這些保溫方法也能讓兔子過得舒適。

在籠子上鋪毛巾

以厚紙板將將籠子整體包起來、蓋上毛巾能夠提高保溫效果。如果地板冰涼的話，可以在籠子裝上輪子，讓籠子離地板有些距離，就能防止地板一路冰到籠內。

注意燙傷問題

使用寵物加熱器要注意低溫燙傷的問題。燈泡款很容易連外殼都發燙，因此請放在遠離兔子動線處。

留牠在家必須做好萬全準備

進行臨終看護的時期，請盡可能減少讓兔子自己在家的時間。

回家後要馬上確認兔子的狀況

如果是已經需要照護的看護時期，那麼就無法確定兔子的身體狀況何時會有變化。請盡可能避免外出。

如果要出外工作或者辦事，必須把兔子自己留在家裡的話，要先準備好餐點和水都不會耗盡的分量、確認好空調等設定溫度，使室內維持在適當溫度。回家以後一定要馬上確認自己外出的時候兔子有沒有好好吃喝、排泄物的狀態如何、身體是否有異常等。

1
準備水、餐點及溫度管理

如果使用水瓶型的飲水器，要先確認瓶口出水正常、也要準備好足量的餐點。空調方面，為了避免冷暖氣設定錯誤，請在出門前一小時就打開。

緊急時是否有人能來幫忙

事先拜託一位在停電等緊急時刻能夠前來的人，就更安心了。

2
放在籠子裡確保安全

就算只有短暫時間，放兔子在房間裡自由走動，就有可能發生意外。因此外出的時候務必要把牠放進籠子裡。

讓牠習慣籠子

如果在牠年輕的時候就讓牠習慣住在籠子裡，牠就會記得籠子＝自己的居所。

留下照顧指示便條

告知對方用餐時間、玩耍時間、兔子的個性等，盡量不要改變兔子的生活。

3
交給寵物保母

如果要和家人出外留宿一天以上，也可以將兔子交給寵物保母照顧。如果是臨終看護時期，甚至可以拜託對方一天早晚各來一次。比起去寵物旅館，兔子在自家還是會比較舒服、沒有壓力。

COLUMN

2

兔兔真的需要散步嗎？

這裡指的是讓兔子到戶外散步。話雖如此，其實兔子並不太需要到外面散步。當然，兔子的確需要適當運動。以散步的方式來運動身體有許多優點，可以維持腰腳肌肉發達、促進腸胃蠕動。但是，兔子是非常膽小的生物，待在陰暗狹窄的地方會比較安心，如果身處明亮又寬廣的地方，反而會因為害怕而無法冷靜。把兔子帶到戶外去，很可能會發生各式各樣的危險或意外。兔子可能會把容易引發中毒的植物、覺得能讓自己安心的東西放進嘴裡；或者是被貓狗嚇到而竄逃。

如果想帶牠到戶外散步，也不要馬上就帶出去，請先讓牠在房間當中散步，進行「室內放跑」，加深飼主與兔子的溝通。最重要的就是要讓牠學習到，一旦發生什麼事情，會馬上被飼主抱起來。如果已經能和兔子溝通，充分掌握情況的話，再思考要不要帶出門散步。不過，考量前述風險，出門散步對於臨終看護階段的兔子或者老兔子都是百害而無一利。

第3章

從行動判別疾病

接受診療訊號①

沒有食慾

小變化能讓人知道兔子身體不適，請確認牠有沒有好好吃飯、牧草及飼料的減少量是否正常。

每天確認兔子用餐的樣子，觀察牠是否身體不適

食慾不振是非常緊急的症狀。因為以兔子來說，所有的疾病最終症狀都是食慾不振。兔子和狗或貓不同，是無法忍受絕食二十四小時的生物。如果不攝取纖維質，腸胃就會無法蠕動、引發腸胃障礙（鬱滯，P94），這樣就會更不想吃東西，造成惡性循環。

如果用餐量稍微減少，或者排便量變少，就要馬上帶牠去醫院。

就是想要
這樣磨啦！

1

腸胃障礙造成肚子痛

腸胃障礙也就是鬱滯，可能是由於壓力或疾病等造成腸胃停止蠕動。吃下去的東西或腸胃中的氣體停留在腸胃當中，會造成牠肚子痛、食慾不振、拉肚子、腹部腫脹等症狀。如果牠肚子痛，很可能會看到牠靜止不動，或者有磨牙的動作。

各種磨牙

兔子開心的時候、興奮的時候也都會磨牙。因此請留心觀察牠是在表示開心、還是疾病訊號。

2

牙齒咬合不良

如果看起來有要吃但是卻沒吃下去，很可能是口腔內產生疾病。尤其是牠不吃牧草等纖維質食物時，就可能是咬合不正（P96）。如果牠吃的量減少，腸胃運作功能就會衰退，絕對不可放置不管。

グ
這有點困難呢。

嘴邊會有怪異感

如果看見兔子下巴下方被口水弄濕，或者沒在吃東西，卻很在意嘴巴而動來動去，那就有可能是牙齒出現異狀。

不運動不行啊。

3

運動不足

兔子和人一樣，運動不足就會產生肥胖、肌力衰退、便祕等問題。肥胖和肌力衰退會導致食慾下降。最好每天把牠放出籠子1小時，讓牠有適度的運動。

運動要在沒有危險的環境中

除了讓牠在柵欄內玩耍以外，也可以放到房間裡，或者帶到戶外散步等，有很多能運動的地方。無論如何絕不能忘記確保牠的安全（P53）。

接受診療訊號②

不動或動作很奇怪

兔子是很難看出表情的生物。最重要的就是觀察牠的一舉一動，早點發現牠身體不適。

請發現牠的動作和平常不同

各種疾病的共通症狀之一，就是蹲在原地不動。飼主很容易誤以為是「因為年紀大了所以不太愛動」，但事實並不一定如此。

兔子經常會像是昏倒一樣，打橫就睡著了，因此就算是絆到或者跌倒，也可能看起來像是平常的樣子。但這也可能是斜頸（P106）的症狀。如果覺得「好像跟平常不太一樣」，請先懷疑牠可能生病了。

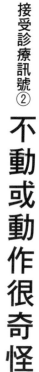

1
蹲著不動

蹲下來撐著身體的動作，是最常見的身體不適訊號。會動彈不得可能是因為腸胃障礙（鬱滯、P94）導致牠肚子痛、骨折等造成牠腳痛等，大概有哪裡不舒服或者疼痛。請盡快帶牠到動物醫院。

最常見的是肚子不舒服

腸胃裡有大量空氣，就會蹲在原地不動。

2
腳步不穩且跌倒

如果是無法取得左右平衡的狀態，很可能是耳朵深處或者腦部發生異常。治療之後也可能留下後遺症。

腳步不穩
彷彿暈車狀態

如果無法取得左右平衡，就會變成像人類暈車的樣子。不舒服就不想吃東西，這點也和人類很像。如果食不下嚥，胃就會空空如也，這樣會造成消化器官障礙，還請多加注意。

3
頭部傾斜

如果看起來頭部傾斜或者脖子歪歪的，就稱為斜頸。這非常有可能是耳朵深處或者腦部遭受感染，有些案例甚至難以治療。

意外的
容易習慣歪斜

有些飼主看到斜頸的狀況會驚嚇萬分，不過兔子們倒是有能夠與斜頸和平相處的能力。不要太過悲觀，請幫牠想想如何才能過得比較舒適。

注意動作

不斷轉圈圈或者突然跌倒也是斜頸症狀之一。

接受診療訊號③ 呼吸急促、懶洋洋

如果發現呼吸有點急促，那麼通常是疾病已經非常嚴重的徵兆了。

從外觀很難發現呼吸異常

兔子的胸腔占身體比例非常小、呼吸也很微弱，因此呼吸的時候胸腹都不會有很大的運動。一看就能發現異常的話，可能是心臟或呼吸器官的疾病，並且已經非常嚴重了。除此之外也可能是中暑。若為中暑，就是和氣溫及濕度有關，除了冷氣以外也請開啟除濕功能。平常就請養成確認兔子呼吸狀況的習慣。如果知道牠平常的樣子，就能馬上發現異常狀況。

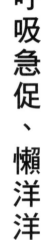

那個、我可能、
沒辦法動。

1
不太想動，懶洋洋地待在原地

當循環器官或者呼吸器官發生疾病的時候，看起來會不太想動，這是因為一動就會呼吸困難且非常急促。

也許是中暑

中暑的時候也會呼吸急促、懶洋洋。一般來説室內超過25℃就有中暑的危險。絕對不能忘記管理室內溫度。

2
觀察呼吸、防止疾病加重

為了發現呼吸是否產生異常，平常就要多加觀察。重點有三個，呼吸的速度（呼吸次數）、呼吸聲、鼻子與胸部的運動。如果是體內有液體堆積在肺部或心臟的疾病，牠就會用肚子呼吸。

在家裡測量非常重要

就算是健康的兔子，去醫院還是會緊張，這樣會無法正確測量呼吸次數。

聆聽呼吸聲

一般來説「呼吸聲」會非常安靜。「鼻子的運動」是用抽的、「胸部的運動」則是很難發現的程度，這是正常情況。如果因為鼻炎（P98）、腫瘤（P102）導致鼻腔變狹窄，就會聽到噗茲噗茲的呼吸聲。如果發出嘶嘶聲的話，就很可能是肺部或心臟的疾病。

3
兔子呼吸確認法

兔子基本上使用鼻子呼吸。用牠脱落的毛或者面紙放在鼻子前，就可以感受到呼吸。

測量呼吸數

「呼吸數」大約1分鐘32～60次。
測量方法是數15秒之後乘以4。

就算是眼睛混濁，也不一定就是白內障（P107）類的疾病。有時候和人類一樣是屬於老化現象。

接受診療訊號④
眼睛異常

千萬別小看眼淚

兔子眼睛又大又圓，非常容易受傷，因此要多加注意。有時候灰塵和刺激性臭味也會傷到眼睛。飼養環境一定要注意經常清潔，以免對牠的眼睛造成負擔。另外，免疫力衰退的老兔子，就算是小傷口也很容易因為細菌引起發炎，及早治療（P108）非常重要。就算是眼睛看起來異常，也不一定就是眼睛的疾病。如果流眼淚的話，是咬合不正（P96）；眼睛左右搖擺則可能是斜頸（P106）。

1
有眼屎

如果看到眼屎的頻率和量增加的話，很有可能是細菌跑到眼睛裡引起發炎。比較有可能是角膜炎、結膜炎、淚囊炎。請到醫院讓醫生開點眼的藥品，點過藥就會好了。

也要注意眼淚

如果眼睛周圍經常都被眼淚弄濕，很可能是疾病的訊號。

2
眼睛張不開

眼睛閉著、或半閉、一直眨眼睛等，表示牠眼睛會痛，很可能是眼睛受傷引起發炎。

視線正常嗎？

眼睛若發生左右搖擺的「眼振」，就可能是腦前葉疾病、內耳炎、斜頸等疾病。

3
眼睛混濁

眼睛表面混濁是結膜炎。眼睛內部若是有奶油色的固體，那就是眼內蓄膿。眼睛內部（水晶體）混濁有可能是白內障，但也可能是核硬化症。請盡早接受診療。

大眼睛要注意

有時候眼睛會凸出來。這是眼睛深處有腫瘤（P102）造成的影響。

接受診療訊號⑤

耳朵似乎會癢

兔子的耳朵有非常多微血管。耳朵若沒有血色，有可能是發生了貧血等全身的問題。

檢查耳朵裡面是每天例行公事

兔子會挪動耳朵收集周遭的資訊，就算是垂耳兔也是一樣。話雖如此，如果頻繁地動耳朵或者搖頭等，就表示是耳朵癢。很可能是耳部疾病（P109），請盡快到動物醫院去。尤其是垂耳因為不通風、內部很容易濕熱，要多注意。因為耳垢或細菌造成外耳炎的風險很高，必須定期清掃耳朵※。尤其是要處理比較纖細的部分時，最好交給獸醫師或者兔子專門店的專家。

※　荷蘭垂耳兔等耳朵下垂的兔子，因為很難自己照顧耳朵，因此最好每兩個月就幫牠清理一次耳朵。

1 搖頭也是因為耳朵會癢

如果耳朵癢，兔子會覺得怪怪的，牠們除了會將後腳伸進耳朵裡抓以外，還會出現搖頭的動作。就算沒有在耳朵內部發現異常，如果牠很常搖頭，最好還是帶去動物醫院。

是在理毛還是異常狀況

用後腳抓耳朵是很常見的動作。但如果過於頻繁、或者太用力的話，那就要留心可能是有異常狀況。

2 耳朵內部非常乾燥

老兔子免疫力衰退，因此很容易有耳疥癬。內部如果是因為有耳垢堆積而乾巴巴，就要懷疑是長耳疥癬。耳朵非常癢的話，除了可能抓傷耳朵以外，也會因為壓力導致食慾不振。

清潔耳朵要慎重

業餘人士輕易動手處理兔子耳朵的話，很可能反而傷到兔子導致二次傷害。另外，耳朵直立的兔子只要身體健康，就能夠自己照顧耳朵，不需要幫牠清潔。

3 耳朵當中有棕色分泌物

耳朵內部如果細菌增加就會引起發炎。若內部有棕色分泌物堆積，那就可能是外耳炎，要多加注意。請立即停下清潔動作，帶牠去看醫生。

抓破也會感染

兔子如果很在意自己的耳朵，就會用前腳磨蹭耳朵，或者用後腳去抓。太用力抓的話，耳朵會受傷，很可能引發細菌感染。

接受診療訊號⑥

流鼻水打噴嚏

帶有鼻水及噴嚏的感染性疾病有時會傳染給人類，可使用抗生素治療，總之先帶到醫院去。

盡早投藥改善症狀

兔子是以鼻子呼吸的生物。若是鼻子內部因為發炎而變狹窄、或者被鼻水堵塞，那就會無法呼吸而非常痛苦。如果會張開嘴巴發出「喀喀」聲響、呼吸得非常痛苦的話，就幾乎危及性命了。

鼻子異常有時候是因為牙齒疾病（P96）造成。伸長的牙根到達鼻腔造成細菌感染，引起發炎。有些時候也是因為鼻子內部長出腫瘤（P102）。

1

流出白白的鼻水

常在菌當中的巴斯德氏菌增加之後引起鼻子發炎，造成鼻水流出。顏色從透明轉為白或帶黃的顏色、量也增加，就演變為鼻炎（P98）的狀態。

巴斯德氏菌會轉移

巴斯德氏菌感染是人畜共通傳染病的一種，人類也會感染，必須多加注意，不能讓流著黃色鼻水的兔子接近免疫力低的嬰幼兒或者高齡者。

2

鼻炎可能轉變為肺炎

絕對不可以放著鼻炎不管。惡化之後會開始出現噴嚏或咳嗽症狀，甚至可能轉變為肺炎、擴散感染到其他臟器而危害生命。不過，因為排除異物是生物的防禦本能，因此有時候會打噴嚏或者流透明的鼻水。不過，這還是屬於鼻炎的症狀，請馬上帶牠到動物醫院去。

檢查前腳的毛

有鼻炎的兔子會用前腳內側去擦鼻子。如果擦過很多次，腳上的毛就會因為鼻水而黏在一起變硬，亮晶晶的。因此看前腳毛的內側，就可以知道有沒有流鼻水。

梅毒螺旋體可以用藥物醫治？

聽到「兔子梅毒」會覺得是非常可怕的疾病，但其實用抗生物質就能大幅改善。

3

鼻子周圍乾巴巴

如果因為交尾或授乳而感染了梅毒螺旋體，就會導致鼻子周圍乾巴巴。這是一種名為兔子梅毒的傳染病，症狀會出現在黏膜周遭，因此肛門及陰部也會乾巴巴的。為了預防這種疾病，最好不要過度繁殖。

接受診療訊號⑦

流口水

為了保持口腔健康，第一要件就是給牠食物纖維豐富的餐點。在牠發生腸胃異常狀況前就要有所應對，這是最重要的。

健康的時候是不會流口水的

兔子的唾液無色且非常清澈。健康的時候只會分泌能夠濕潤口內程度的量，不會流到口腔外。

如果嘴巴裡會疼痛或者感覺有異狀，就會分泌大量口水，有時候甚至會多到看不到嘴巴裡面。最常見的原因是咬合的位置錯開，導致牙齒生長異常造成咬合不正（P96）。也有時候只是牧草卡在牙縫而已。請先確認口腔內部。

1 咬合不正的訊號

人類如果口腔發炎，就會一直用舌頭去舔，兔子也會像這樣嘴巴歪來歪去。這表示是牙齒卡到嘴裡的某個地方，讓牠非常在意。通常這時候口腔當中已經有傷口，請確認牠的口腔。

口內腫瘤的可能性

有時候可能是口中發生腫瘤（P102），兔子因為非常在意而嘴巴歪來歪去。如果牠常常扭動嘴巴，就帶牠到動物醫院去吧。

2 預防咬合不正要從飲食做起

為了不讓咬合不正惡化下去，請讓牠好好地吃纖維質多的牧草。飼料也要選用纖維質含量高的類型。

試著改變用餐方式

有些餵食工具加工成以籠子將牧草固定起來的款式。如果覺得牠似乎厭煩了平常的牧草，就試著改變一下用餐的方式。有時候這樣就能提起牠的食慾。

3 也可能是中暑徵兆

口水把嘴巴周遭弄得溼答答、身體很熱、耳朵也比平常紅的話，就可能是中暑的徵兆。請用濕毛巾包起牠的身體、或者用噴霧器幫牠噴濕等，做一些散熱的應急處理之後馬上帶到動物醫院去。夏季一定要讓牠多喝水，在籠子放置保冷劑或者結冰的寶特瓶，預防籠子裡面太熱。

用保冷商品預防中暑

就算對人類來說是還算涼爽的氣溫，最好也在籠子裡放著涼墊等保冷商品會比較讓人放心。也可以活用會擺頭的電風扇。如果兔子會把墊子拿起來玩，那就選擇大理石等材質製成、比較有重量的產品。

接受診療訊號⑧

護著腳走路

腳受傷的時候，很可能幾乎動彈不得。話雖如此，仔細觀察應該就會發現牠護著腳走路。請快帶牠到醫院。

很可能是骨折或脫臼

兔子很常後腳骨折或脫臼，尤其是高齡兔子。原因是在籠子裡躁動、抱起來的時候不慎掉落、被門夾到等等。兔子的表情很難看懂、也不會慘叫，如果是在飼主不在的時候發生意外，可能不容易發現牠已經受傷。因此請不要漏看牠護著腳走路等異常訊號。

為了避免牠受傷，在室內放跑的時候，最重要的就是給牠一個安全的居住環境（P50）。

1 幾乎都不動

兔子有時就算膝蓋骨或者股關節脫臼也還是可以走路。由於老兔子的活動量下降，平常就不太動，因此不太容易發現牠的腳有問題。

最重要的就是盡早發現

兔子除了骨折和脫臼以外，身體不適時也是一動也不動。如果覺得牠的行動和平常不太一樣，請馬上帶牠到動物醫院去。最重要的就是早點發現牠的狀況有異。

2 似乎護著腳走路

如果看起來像是特別護著某隻腳走路的話，那隻腳骨折或脫臼的可能性就非常大。平常就要好好觀察牠，才能及時發現牠的不自然之處。

也許是在不知情的狀況下受傷

除了從高處落下來、在樓梯絆倒等情況以外，有可能沒什麼大動作卻受了傷。要經常觀察兔子的動作。

3 把牠抱起來時，腳會晃動

檢查的方法就是把牠抱起來，看腳是否會晃動。如果是骨折的話，折斷處以下會晃動。

搖一下就知道是不是骨折

兔子骨骼很薄、非常容易骨折。如果沒發現的話，很可能會演變到要截肢，因此請立即帶牠到醫院（P92）。

接受診療訊號⑨

有皮屑

年長以後就要留心是否生疥癬

兔子和貓狗相比，皮膚病比較少。話雖如此，如果年紀已長，還是要多注意寄生蟲。如果發現皮屑，就有可能是長疥癬了。疥癬是白色且長1～2㎜粉狀的樣子，因此有些兔子的毛色會看不太出來有沒有長疥癬。請在刷毛的時候確認。同時也要確認皮膚是否有異常、有沒有脫毛。

有時在新陳代謝活潑的換毛期，皮屑也會增加，但這並非疾病。

如果兔子健康，就算有疥癬蟲寄生，牠的免疫系統也能控制疥癬蟲的繁殖，並不會有什麼大問題。因此疥癬蟲大量繁殖也可以說是老化徵兆之一。

臉部周圍
要特別用心。

1
如果不理毛，也會有毛屑

兔子非常愛乾淨，但是年長之後自己理毛的行為次數便會減少。除了不理毛以外，也可能會開始有皮屑。畢竟年長以後免疫力就會下降，疥癬蟲很容易開始增生。如果老兔子的皮屑增加，最好考量可能是疥癬的問題，帶去醫院吧。

有時候是身體不適

如果是成長期的年輕兔子卻不自己理毛，那很可能是牠身體不適。請仔細觀察牠還有沒有其他疾病的徵兆。

2
刷毛防止疥癬寄生

兔子身體容易被疥癬寄生的地方，是肩胛骨之間或者腰部那一帶。請仔細幫牠刷毛保持清潔，就能防止疥癬蟲寄生。

總覺得好像就在
那邊……

人也可能會被疥癬蟲咬

寄生在兔子身上的疥癬蟲，有可能會咬人。如果覺得身體好像癢癢的，有可能是兔子被疥癬蟲寄生了。因為有可能是人畜共通傳染病，最好將房間整個打掃過一次。

3
也許是黴菌增加了

皮屑大部分是疥癬蟲造成的，但也可能是黴菌。如果黴菌繁殖過多就會造成真菌性皮膚炎（P104）引發皮屑、還會脫毛。

討厭啦——！

老兔子是黴菌目標

高齡的兔子由於免疫力下降，皮膚上很容易有黴菌繁殖。為了防止黴菌繁殖，最重要的就是保持籠內清潔、放牧草和飼料的容器及飲水用的容器都要經常清洗。

為了預防脫毛，最重要的是保持清潔的居住環境。必須提供牠壓力小、容易居住的環境才行。

接受診療訊號⑩ 掉毛

可能是黴菌或細菌造成

免疫力會隨著年齡增長而下降，黴菌及細菌也比較容易繁殖。如果出現圓形脫毛的光禿處，就有可能是黴菌造成的真菌性皮膚炎（P104）。如果眼、口、陰部周圍脫毛，那麼是細菌造成的細菌性皮膚炎※（P104）可能性比較高。

有時候也會因為肥胖或者環境問題，造成腳底脫毛、腫脹的腳底皮膚炎（P105）。脫毛會發生在身體各部位，刷毛的時候請不要漏看一些地方。

※　容易引發細菌性皮膚炎之處，就是比較容易弄濕的地方。因為一直溼答答的，細菌就容易繁殖。

1
因為黴菌或細菌而脫毛

兔子是很容易因為黴菌（真菌）或細菌感染而生病的生物，皮膚炎也是當中的一種。隨著年齡增長，免疫力就會下降，必須更加留心。

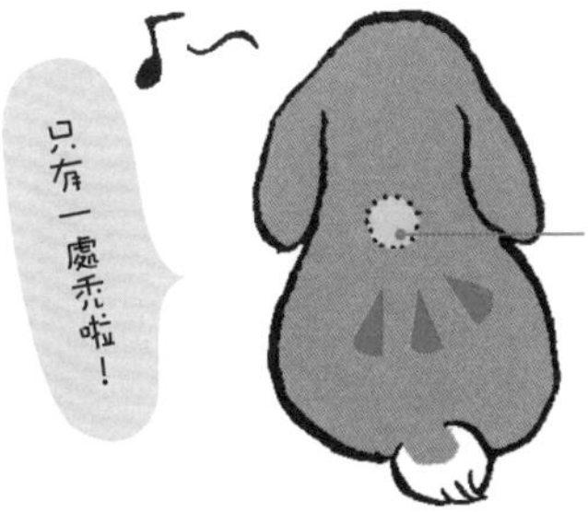

長黴菌根本不會癢

黴菌和疥癬不同，並不會發癢。如果背上有像是圓形脫毛症的症狀，就很有可能是感染黴菌。

2
濕掉了就要馬上擦乾

眼淚、口水、尿液等濕掉的地方，細菌很容易繁殖。放著不管的話，會造成疾病或脫毛。請經常幫牠擦乾。

不易乾燥的兔子毛

兔子的毛像棉花一樣毛茸茸的、非常密集，因此有著容易吸水、不易乾燥的特徵。考量到有很多害怕吹風機聲音的兔子，如果弄濕了，最好還是用毛巾幫牠仔細擦乾。

3
後腳內側脫毛是足底發炎

兔子可能會發生後腳內側紅腫脫毛的症狀。原因是體重增加、籠子的地板是塑膠製或者鐵製，對腳底造成負擔。也有些某些品種是因為腳底的毛太稀疏。

腳底毛很容易脫落的兔子

毛很細又短的雷克斯兔，或者大型種當中的佛萊明巨型兔，都是腳底毛很容易脫落的品種。請維持適當體重、在籠子地板鋪上地墊等等，盡量不要讓它的腳底毛一直脫落。

體表的腫塊不容易看見，但平常與牠肌膚接觸的時候還是有可能發現。

接受診療訊號⑪

身體某個部分異常腫脹

如果沒有檢查，就不知道是良性還是惡性

身體有某個部分膨脹發腫的狀態就是「腫瘤」。如果肚子腫脹的話，就是腸胃的疾病訊號，接下來會在P82說明。腫瘤區分為膿瘍※、良性腫瘤（腫塊）、惡性腫瘤（癌症）。

形狀大小五花八門，但是光用看的或摸的很難區分出種類。請到動物醫院接受診療檢查。等結果出來可能會需要一週左右。

※　身體某個部分由於發炎而堆積膿液。

臉腫腫的就可能是長膿

膿瘍很容易發生在臉部周圍，如果牙齒有異常，就會因為細菌感染長膿堆積在臉部周圍，導致臉腫腫的。

1

兔子也會得癌症

兔子最常見的惡性腫瘤除了皮膚腫瘤以外，母兔會有乳腺腫瘤、公兔會有精巢腫瘤等。年紀大了以後，發生乳腺腫瘤和精巢腫瘤的風險就會比較高，不過在年輕的時候就先進行去勢、避孕手術就可以預防。

2

不是肥胖

腫瘤由小至大各式各樣，特徵就是有某個地方腫腫的。如果是肥胖的話，會是身體整體；若是脹氣或有腹水，那就會是肚子腫脹（P94），差異一目了然。

不容易發現的腫脹

腫瘤初期症狀並不會疼痛，因此都是嚴重到某個程度，腫脹變明顯才會發現。

腫瘤是腫塊的總稱

總會有人問：「是癌症還是腫瘤？」不過惡性腫瘤才是癌症。癌症也是腫瘤的一種。

3

發現異常就盡快去醫院

不分種類，在腫瘤還小的時候就發現，不管要切除或是治療都比較簡單。如果發現了，就請盡快接受獸醫師的診斷。大部分人會覺得腫瘤是很嚴重的疾病，不過這是所有腫塊的總稱。請不要過於悲觀，等待檢查結果出來再行對應。

將樣本送到檢驗機關檢測

要確認腫瘤真正樣貌的流程，一般是先到動物醫院採樣，然後請專門的檢測機構幫忙檢測。

接受診療訊號⑫
肚子腫脹

肚子腫脹很容易誤以為是肥胖，但其實可能是各種疾病。不要只用看的，可以的話就用摸的確認。

就算脹的是肚子，也不一定就是胖

肚子會腫脹的主要原因，是肥胖、腸胃氣體、子宮疾病、腹水。兔子因為身上有軟綿綿蓬鬆的體毛，因此很不容易注意到肚子是否腫脹。尤其是長毛種，光用看的非常難以判別。最重要的是每天觸摸一次牠的身體，維持幫牠做健康檢查（P30）的習慣。如果覺得肚子似乎腫腫的，就撫摸背脊骨確認到底是肥胖還是疾病。如果是肥胖就要減肥，如果是疾病就帶去看醫生吧。

※　去勢、避孕手術除了預防疾病以外，也能減輕兔子的壓力。公兔由於地區意識非常強烈，會在廁所以外的地方排尿或排泄，將自己的味道灑在各處，做出這些擴大自己地區的行為。母兔則會因為假性懷孕而非常煩躁，甚至變得個性凶暴。手術能減低這些會加重牠們壓力的情況。

1
撫摸脊椎確認

相對於肚子腫脹是只有腹部會突起，肥胖是整體都會發腫。乍看之下雖然很像，但若是撫摸脊椎的時候如果能夠摸到硬梆梆的關節，那就表示不是肥胖而是只有肚子腫脹。這非常有可能是疾病，請盡快就醫。

如果摸得到骨骼就不是肥胖

全身性肥胖和部分腫脹的差異，請以是否能摸到骨骼來區分。

2
腸胃有異常發酵

如果餐飲的營養不均衡，就可能引發腸胃中的異常發酵。結果會引發脹氣，導致腹部腫脹。為了防止腸胃機能衰退（P94），平常還是要以牧草做為主食。

毛球留在胃部

兔子會將理毛的時候舔下來的毛吞到肚子裡。如果毛都堆積在胃部，就很容易造成脹氣。

3
母兔要注意子宮疾病

沒有進行避孕手術的母兔，年齡增長以後子宮產生病變的機率很高。如果覺得肚子脹脹的，就很有可能是子宮疾病。

避孕手術能拯救性命

母兔子會因為子宮等生殖器官疾病而有生命危險。為了兔子好，請考慮幫牠做避孕手術。避孕手術在出生後六個月左右就可以進行。

接受診療訊號⑬

體味和平常不同

只要牠習慣讓你抱起來，或者願意讓你接觸牠，那應該會很容易發現氣味的變化。

如果氣味變了，就要留心可能是疾病

體味是健康的指標。健康的兔子很少有體味，因此有某個部位體味特別重的話，就要留心了。臉部周遭有氣味，很可能是因為牙齒疾病導致口水流出，或者因為膿液堆積形成腫瘍（P102）。如果是肚子或陰部周圍的話，可能是因為老化或疾病造成漏尿。如果疾病原因在子宮，就有可能會從陰部出血※。肛門周遭氣味強烈的話，很可能是拉肚子。請到醫院確認拉肚子的原因。

※　子宮肌瘤、子宮內膜炎、子宮腺癌等子宮疾病，有時會從陰部出血。

有時候是口水的味道

雖然是臉部周遭的味道，但原因也不一定就是膿液。有時味道的來源可能是口水。

1

臉部周圍有膿堆積就會有味道

兔子不像貓狗那樣會有強烈口臭。如果臉部周遭的氣味改變了，就很可能是有膿液堆積的腫瘍。

2

尿液沾到毛的氣味

老兔子腰部周圍的肌力會衰退、泌尿器官的功能也會減退。如果腹部或陰部的氣味變強烈了，可以懷疑是漏尿。但因為可能不是老化，而是泌尿器官的疾病，還是請醫生診斷比較好。

皮膚潰爛

漏尿的話會造成尿灼傷，情況繼續惡化下去皮膚就會潰爛。細菌增殖會造成皮膚炎（P78）。如果發現有漏尿情況，請幫牠用毛巾擦乾。

3

軟便沾到毛的氣味

如果因為牙齒疾病（P96）或腸胃不適、壓力造成拉肚子，那麼不只有糞便沾到毛的氣味，肛門周遭的氣味也會變強烈。如果一直拉肚子，肛門周圍也會潰爛，還請多加注意。

鈣質影響尿液，碳水化合物影響糞便

蘿蔔葉、大頭菜的葉子、小松菜等鈣質較多的食物如果攝取過多，尿液出現異常的風險就會變高。另一方面，番薯、麥子、大豆、兔子用餅乾等則因為含有大量碳水化合物，因此容易引起腹瀉。

請養成習慣，在收拾廁所鋪墊時順便檢查。若覺得與平常有異，就拿著墊子到寵物醫院去。

接受診療訊號⑭ 排尿異常

區分尿道閉塞、頻尿、膀胱炎

排尿異常有時候會危及性命。最可怕的就是尿不出來的尿道閉塞※。這種疾病若是放置不管，很可能一天半就會死亡。排尿次數增加的話是頻尿。除了漏尿以外，若是頻繁上廁所，也有可能是尿道堵塞而排不出尿來，要非常留心。多尿很可能是腎臟功能衰退。

為了要能早點發現異常狀況，平常就要確認排尿量以及次數。

※ 兔子最常見的尿道閉塞原因是尿道結石，結石會塞住尿道導致尿道閉塞。

不是很想
上廁所呢。

1
量和次數與平常不同

如果是健康的兔子，一天會排尿2～3次。想調查尿量的話，就把廁所鋪墊翻過來，只要兔子尿過以後就立刻去拿起來測量。如果量少的話就很可能是膀胱炎。這是免疫力下降的兔子很容易發生的疾病。

半天以上都沒有排尿就立刻去醫院

如果無法排尿可能會危及性命。若是12小時以上都沒有排尿，就立刻前往醫院。很有可能是尿道結石（P100）等疾病。若是長時間放牠自己在家，請檢查廁所鋪墊，確認兔子有無排尿。

2
持續排出與平常顏色不同的尿

兔子的尿會受到食物顏色的影響，因此可能介於乳白色到橘色之間。如果不是給了什麼特別的食物，顏色卻變了，就很可能是疾病的訊號。紅色的尿很有可能是血尿。為了確認顏色，也可以使用比較接近白色的廁所鋪墊。

那麼認真看，
不一樣就是不一樣啦。

尿液顏色改變的原因

兔子的尿會直接顯現出食物的色素。吃蔬菜的話就會呈現橘色或紅色；鈣質攝取過剩而溶解在尿液當中，就會讓尿液呈現乳白色。

3
血尿也可能是子宮疾病造成的

子宮腺癌或子宮內膜炎等疾病，可能會造成血液混在尿液中。生殖器官的疾病在初期階段並沒有明顯症狀，因此最好是讓牠接受定期檢查。在兔子還年輕的時候就接受去勢、避孕手術是最好的預防方式。

早點發現唷。

母兔罹患子宮疾病的可能性非常高

生殖器官的疾病通常發生在5歲以後。母兔發病的機率壓倒性地高，如果沒有避孕，據說5歲之後的母兔有六成都會得病。

接受診療訊號⑮
排便異常

腹瀉的主要原因是食物纖維不足。不吃牧草或只吃柔軟的飼料，兔子就容易腹瀉。

每天都要檢查糞便

若是食物的食物纖維一直都過少，就會因為咬合不正（P96）等牙齒疾病導致用餐量減少，引發腸胃功能衰退。這樣一來，除了會腹瀉以外，也可能有排便量減少、不排便、排便異常等情況。如果有確認健康時的糞便顏色、尺寸、量、狀態、次數等，就能夠早日發現兔子有腸胃障礙（P94）。若是換毛期以外出現了像念珠一樣連在一起的糞便，很可能是吞下太多毛。請確認牠是否對居住環境感到壓力等。

1

健康時候的糞便會和牠吃的牧草顏色一樣

如果兔子身體健康，會排出與牧草顏色很接近的糞便。只要有紀錄牠吃了什麼，就可以了解食物與糞便的關係。如果一直都排出顏色不一樣的糞便，那就要懷疑牠可能生病了。

理想糞便

牧草的顏色、壓扁的話纖維會散開來、看起來有點像牧草的樣子，是最理想的糞便。

2

大小及形狀與平常不同

兔子無論品種或體型大小，糞便的尺寸大概都是小鋼珠那麼大。如果太小顆的話，表示吃太少；變成軟便就很可能腸胃發生問題。

無法排便

排便量少，或者根本沒有排便的話，很可能是腸胃功能變差了（P94）。從平日就要確認牠的排便量，不要漏看任何變化。

吃下去的量和排出來的量是否相符

明明吃了很多，卻沒有排出適量的糞便，或糞便很小等等，就有可能是便祕。為了預防便祕，請給牠牧草或者菠菜這類纖維質較多的食物，也可以讓牠多運動等等。

3

出現腹瀉的情況

如果開始腹瀉，請給牠大量食物纖維較多的牧草或者根莖類等食品，幫牠維持營養均衡。

要經常讓腸胃蠕動

兔子的腸胃如果一直沒動，就會發生問題。請觀察糞便的樣子，掌握牠的腸胃狀況。

有些品種比較容易罹患特定疾病

疾病及受傷的風險除了兔子品種以外，也有遺傳及個體差異。好好了解一起生活的兔子，便能加以預防。

大家都不一樣，
大家都很好。
CUTE!
BIG!
Rich!

可愛的地方是弱點

被當成寵物飼養的兔子祖先是穴兔。這種兔子的體長約40cm左右、短毛且為立耳，由牠們延伸出許多品種。大型化或小型化的、長毛及垂耳的品種也很多。從牠們原先姿態改變的部分，雖然非常迷人，但也是很容易引發疾病或受傷的弱點。請先好好理解要一起生活的兔子特徵，然後給予適當關切、打造適宜的環境。飼主的愛能支撐兔子的健康。

小型種兔子

荷蘭侏儒兔、海棠兔、雷克斯兔、荷蘭兔等。體長約30cm左右、體重1kg上下到3kg上下，種類很多。

1

小型兔非常膽小、容易受傷

小型的荷蘭侏儒兔等兔子，通常很膽小。害怕的時候容易陷入恐慌，導致非常容易受傷。肌膚接觸的時候也要多加小心。

大型種兔子

法國垂耳兔、佛萊明巨型兔。體長在50cm前後、體重約5～6kg左右。

2

大型兔的腳底負擔很重

大型的法國垂耳兔等兔子由於體重較重，會對腳底造成負擔，很容易發生腳底皮膚炎（P105）。請把籠子底部換成較柔軟的材質，減輕牠的負擔。

長毛種兔子

澤西長毛兔、安哥拉兔等。另外，獅子兔的臉部周圍及身體下方是長毛，不過背上是短毛。

3

長毛兔要注意毛球症及皮膚疾病

長毛的澤西長毛兔等，容易發生毛球症（P94），請定期幫牠刷毛預防。另外也要多注意皮膚疾病（P104）。

垂耳種兔子

荷蘭垂耳兔、美種費斯垂耳兔等，名字裡就有「垂耳」兩字的兔子們。

4

垂耳兔很容易堆積汙垢

耳朵垂垂的荷蘭垂耳兔等，耳朵的通風性比立耳差，容易累積汙垢。每個月都必須幫牠檢查一下耳朵。

COLUMN 3

以兔子性命為優先的骨折治療

兔子的腳骨非常細又輕，因此容易骨折。若是牠的年紀很大了，就要更多加注意。但是就算飼主非常小心，兔子還是有可能因為意想不到的理由而受傷。

沒有進行避孕手術的母兔子，經常會發生子宮癌細胞轉移到骨骼，因此發生骨折的案例。理想的治療方式就是摘除已危及性命的子宮，然後把斷掉的骨骼接上。但因為這樣會花費很長的時間，對於兔子的身體負擔很大。以高齡兔子來說，很可能根本不具備撐過手術的體力。以性命為最優先考量，就可能會考慮要在摘除子宮癌以後，直接將骨折的後腳切除。因為切除腳部的手術比接合骨骼手術時間要短上許多，能讓高齡兔子的負擔減縮到最小。還請了解理想的醫療與以性命為最優先的醫療，終究可能有差異。有很多飼主會覺得「斷腳太可憐了」，但兔子就算少了一條腿，也不會對身體造成太大負擔，只要好好照顧，牠的日常生活也不會有問題。有許多以性命為優先而進行治療的兔子，靠著三條腿也活力十足地度過長長的餘生呢。

第 4 章

兔子晚年的
常見疾病與照護

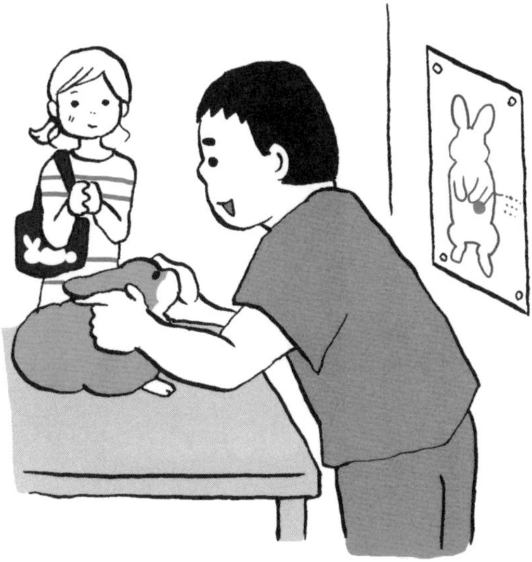

消化器官疾病

腸胃滯鬱的應對方式

腸胃功能衰退會危及兔子的性命。請平常就多觀察牠食物減少的分量以及排便的情況。

腸胃應該經常蠕動

消化器官的疾病中最具代表性的，就是腸胃鬱滯。鬱滯是腸胃功能衰退所引發症狀的總稱。包含腹瀉、便祕在內，還有整理儀容時吞下的毛塞住胃部出口（毛球症）、肚子裡累積氣體（脹氣）等各式各樣症狀。

與腹瀉或便祕等慢性疾病不同，若是腸道中有毛球塞住造成腸閉塞等急性症狀，有時會危及性命。很可能會需要緊急手術，絕對要提早應對。

1 因為不會吐，所以會堆在肚子裡

貓狗如果消化器官發生問題，有時候會吐出來。但由於兔子的胃部入口肌肉比貓狗強健很多，因此不會嘔吐。

唔嗯。

萬一吐了

兔子的身體構造是不會把胃裡的內容物吐出來的，但也還是有嘔吐的可能。如果黏度過高的液體沾附在口鼻，會導致呼吸困難，因此如果牠吐了，就要馬上帶去動物醫院。記得把吐出來的東西也帶過去，或者拍好照片讓獸醫師看，這樣比較能確定嘔吐的原因。

2 鬱滯的治療方式

配合腸內環境的狀態，給予或打點滴給牠整腸劑、食慾增進劑等。如果是毛球症或腸閉塞，可能要進行開腹手術把堆積在腸胃中的毛球取出。

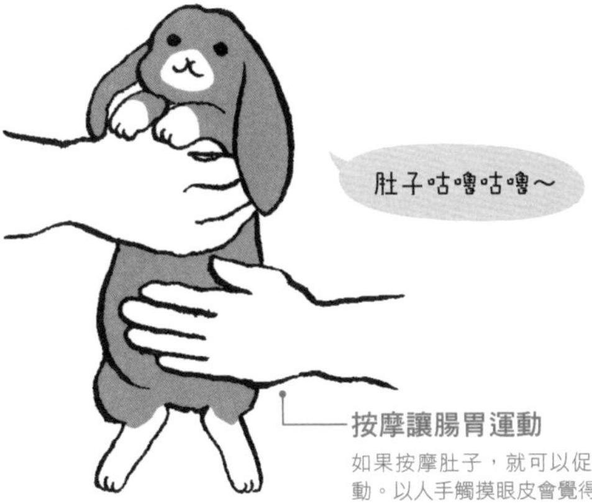
肚子咕嚕咕嚕～

按摩讓腸胃運動

如果按摩肚子，就可以促進腸胃蠕動。以人手觸摸眼皮會覺得舒適程度的指壓，用畫圓的方式幫牠按摩。

3 獸醫師診斷後才能強制餵食

強制餵食是指強迫讓牠吃東西（P129）。根據疾病的不同，有些東西可以餵、有些東西不能餵。請不要因為牠食慾不振就自行下判斷，務必要先接受獸醫師的診療。

我可是相信你
才乖乖給你餵喔。

注射器的選擇方式

強制餵食要用的注射器，請選擇筒身細長者。若筒身太粗，輕輕壓一下就會跑出過多內容物。

牙齒疾病

咬合不正的應對方式

咬合不正會讓伸長的牙齒傷到口腔內部，甚至可能引發齒根蓄膿的膿瘍（P102）等二次性疾病。

為了不讓疾病近身，牙齒咬合很重要

兔子的牙齒會長一輩子，但仍然保持在一定的長度，是因為上下排有咬正的關係。在吃纖維質較多的牧草時也會因摩擦而削減上下牙齒，保持咬合狀態。

如果牙齒有點歪掉，就會愈來愈沒辦法咬合在一起（咬合不正），牙齒就會開始異常生長。這樣的話，就要每個月都帶去動物醫院請他們把牙齒削短。

1
遺傳或掉落意外是原因之一

引發咬合不正最主要的原因是飲食中的纖維質不足。不過，出生的時候上下顎形狀就有問題、發生掉落意外使牙齒歪掉等等，也都有可能引發咬合不正。

有時候會因為咬籠子而歪掉

有些兔子在想玩耍或吃東西的時候會咬籠子，這個行為可能會造成牠的牙齒歪掉。

2
不同牙齒種類的治療方式

若前齒伸太長就會無法好好銜著食物，牠很可能會變瘦。前齒可以不需要打麻醉，直接用牙科工具剪斷調整。
臼齒伸太長的話，會無法磨碎食物，因此可能引發食慾不振或腹瀉（P94）等症狀。臼齒必須要全身麻醉後才能削短或拔掉。請和獸醫師商量後再繼續進行治療。

不要勉強牠咬東西

有時候為了避免牠的牙齒長太長，可能會給牠用來咬的木頭。但如果勉強咬太硬的東西，前齒可能會折斷，因此請依照牠牙齒的狀態選擇木頭。

3
定期打理門面

草食動物每天吃牧草等堅硬的草，牙齒會磨損，所以牠們的牙齒會終生一直生長，據說兔子的牙齒一個月大約會長1cm。如果因為生病而長時間給牠柔軟的食物，那麼牙齒的成長速度就會大於磨損速度，這樣就要請動物醫院幫牠整理門面了。

一輩子的疾病

牙齒的疾病只要發生過一次，就會永遠陪伴著牠。請定期檢查牙齒。

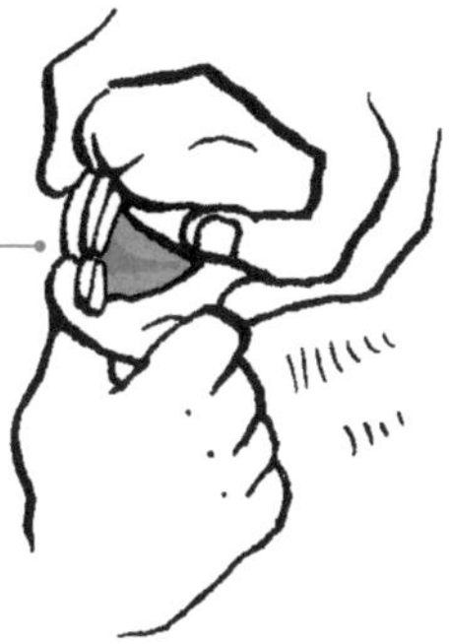

呼吸器官疾病

鼻炎的應對方式

鼻炎的發病機率會隨著居住環境而有所變化。為了保護不耐壓力的兔子、不讓牠生病，大前提就是打造舒適的居住環境。

不要給氣管負擔

老兔子由於免疫力衰退，很容易因為細菌造成鼻炎※等感染性疾病。為了預防疾病，或者不要讓疾病惡化，若養了不止一隻兔子，請不要讓生病的兔子接觸其他兔子，必須要把籠子分開、隔離感染路徑。

如果偷懶沒打掃籠子，也可能會因為糞便或尿液中的氨氣刺激到牠，引發鼻炎。必須要保持乾淨的居住環境。此外，給牠營養均衡的食物也能提高免疫力，非常重要。

※　巴斯德氏菌感染

1 加濕抑制鼻炎

如果鼻炎發作，請幫牠擦掉鼻水、保持毛皮清潔。如果室內濕度能保持在40～60％，鼻子就會比較通暢，也能夠抑制鼻炎的症狀。

有時候藥物不容易生效

一般會使用抗生物質來治療鼻炎，不過如果細菌留在鼻子裡，藥物就不太容易生效，很可能會再次發作。

2 呼吸器官疾病的應對方式

呼吸器官疾病除了鼻炎以外，還有肺炎及肺水腫等。如果鼻炎很嚴重，可能會引發肺炎，肺水腫的原因則通常來自心臟病。可以給予抗生物質或者進行手術等，治療方式非常多樣化。以預防來說，最具效果的就是保持居住環境的清潔。

會呼吸困難原因不只鼻炎

如果心臟或肺部有腫瘍（P102）形成，很可能也會造成呼吸困難，請到動物醫院做X光片檢查等，確認有沒有腫瘍、位置及它是惡性或良性。

3 控制疾病

呼吸器官的疾病有時候很難治癒，請依需求進行投藥，好好控制疾病。如果牠呼吸困難，就使用氧氣室或氧氣罐吧。

氧氣罐價格

攜帶用的氧氣產生器價格大約是兩千日幣左右。氧氣室也有出租型的，如果要帶回家請先確認費用。

泌尿器官疾病

尿道結石的應對方式

尿道結石是只能採取手術來治療的疾病。手術後必須讓牠靜養，注意不要給牠過多含鈣量高的蔬菜等。

注意不要攝取過多鈣質

年齡增長以後，生成尿液的腎臟功能就會衰退。因此，腎衰竭、尿道結石、膀胱炎等泌尿器官※的疾病也會增加。

就算是年輕的兔子，如果攝取過多鈣質，也很容易形成結石堵塞尿液的通道（尿道），引發排尿困難等問題。結石能夠以手術取出。為了防止再次發作，最重要的是平常就要讓牠吃得營養均衡，給予新鮮的水。

※　製造尿液及排泄的器官。由腎臟、尿管、膀胱、尿道形成。

1
泌尿器官的疾病治療方式

如果是尿道結石，就必須使用X光片確認結石的位置、大小之後，進行摘除手術。手術之後最重要的就是在自家內打造一個可以靜養的環境。膀胱炎必須檢查尿液及血液，並進行X光片檢查後，注射抗菌劑、開處方藥等。如果是腫瘍（P102）或結石造成膀胱發炎，那麼有可能需要動手術。

腎臟疾病可在定期健康檢查時發現

在泌尿器官當中，腎臟疾病的初期症狀並不明顯，因此很容易太晚發現。請在兔子過了5歲就每半年做一次尿液檢查、血液檢查、X光片檢查。

2
以均衡營養的餐點避免尿道結石

為了避免尿道結石的發病率提高，盡量不要給牠小松菜、蘿蔔葉、大頭菜葉等鈣質含量較高的蔬菜。牧草當中豆科的紫花苜蓿鈣質也比較多，因此請選擇禾本科的貓尾草。

如果鈣質增加

如果尿液摸起來有沙沙感的話，就很有可能是鈣質攝取過剩。

3
膀胱炎的對策是攝取水分

請確認牠的每日飲水量是否充足（體重1kg需要大約100㎖）。讓牠養成喝水的習慣也很重要。如果牠沒辦法自己喝水，或者不想喝，請參考P38讓牠攝取水分。

不讓牠發胖也非常重要

營養均衡的飲食以及新鮮的水分能夠預防膀胱炎。另外，肥胖也是原因之一，因此要注意不能讓牠過於肥胖。

全身性疾病

腫瘤（膿瘍、腫瘍）的應對方式

不同狀態的腫瘍可能給予抗生物質或以手術切除。必須確定腫瘍是良性或惡性、長在哪個部位等等，可以的話就會用手術切除。

為了治癒，必須在家努力

腫[1]瘤必須要以手術等方式摘除。當中尤其是腫瘍的治療，為了不要在術後又堆積膿液，必須要每天清潔手術時切開的患部。但是要每天都去動物醫院實在太困難了，因此每週去1～2次醫院，其他日子可以的話，就在家裡由飼主進行清潔[2]。膿瘍要痊癒需要1～2個月左右。這個過程非常需要耐心，但是為了提高治療效率，在家照護是非常重要的。

※1　在身體表面或內部長出來的東西。
※2　請務必接受獸醫師的指導。

腫瘍的治療方式

有些可以採用藥物治療，也有能夠進行切除手術的，如果無法摘除就必須進行緩和照護，為牠減輕痛苦。

1 有可以預防的腫瘍

生殖器的腫瘍只要進行避孕手術就可以避免。去勢、避孕手術在出生半年以後即可進行，愈早愈好。但考慮到這是避免疾病危及性命的手術，其實之後隨時要做都沒有問題。

2 清潔腫瘍的進行方式①準備探頭

要準備動物醫院給的探頭（長的有點像是針頭是圓形的注射針）和生理食鹽水。由於在清洗患部的時候，兔子可能會躁動，因此最好兩個人一起處理。如果牠實在躁動到無法壓制，那就用毛巾把牠包起來，只露出臉，由一個人好好抱住兔子。

何謂探頭

細長管狀的醫療器具。可以安裝在注射器前端，用在經口投藥、餵食、清洗等各方面。

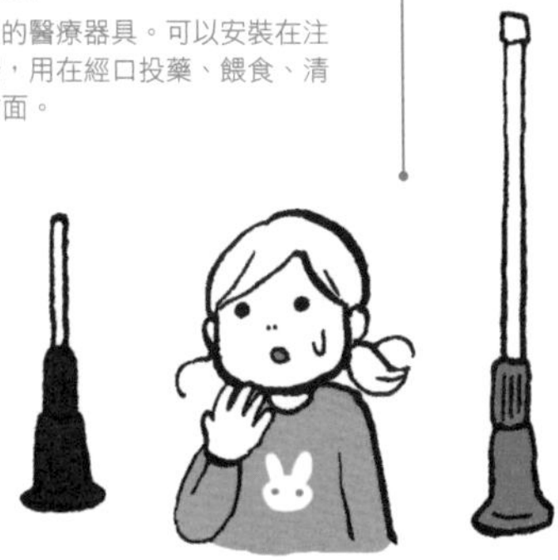

生理食鹽水的溫度

清洗腫瘍用的生理食鹽水溫度，大概跟人體肌膚溫度差不多。請將動物醫院拿回來的生理食鹽水於家中加熱使用。

3 清潔腫瘍的進行方式②清洗

將裝了生理食鹽水的探頭刺進切開來形成洞穴之處，慢慢沖洗。清洗大約每天進行1次。

皮膚疾病①
皮膚炎的應對方式

1
皮膚炎的原因

真菌性皮膚炎的原因是名為皮膚絲狀菌的黴菌（真菌）。如果身體健康的話不太會發病，但感受到壓力會造成免疫力下降，就容易發病。細菌性皮膚炎則大多是因為咬合不正（P96）、淚囊炎（P108）等其他疾病造成之併發症。

免疫力低落的原因

免疫力下降的原因是老化或者壓力。因此要特別留心安排老兔子在沒有壓力的環境中生活。

2
皮膚炎治療方式

如果發生真菌性皮膚炎，就會有皮屑。觀察皮屑就能夠鎖定菌種，以抗真菌藥來應對。真菌有時候會感染人類，因此獸醫師會指導應該如何照顧兔子。如果是細菌性皮膚炎，就必須要先治療造成細菌感染原因的那個疾病。同時也會使用抗菌藥來治療患部。

以檢查鎖定菌類

詳細調查皮屑，就能夠知道造成皮屑的原因。

3
皮膚炎的預防對策

最重要的是保持衛生的居住環境。在清洗籠子以後，要讓它好好乾燥再把兔子放回去。另外，為了不要讓牙齒疾病造成咬合不正或淚囊炎，定期接受牙科檢查也非常重要。

好好乾燥

如果將兔子放進殘留水氣、溼答答的籠子裡，細菌就很容易繁殖。請在太陽下曬乾。

皮膚疾病②

潰瘍性足炎（胼胝）的應對方式

1

胼胝的原因

原因可區分為兔子本身，或者居住環境造成。前者包含了遺傳上出生的時候腳底的毛就很稀疏、踏步※行為過多、因肥胖而對腳部造成負擔等等；後者則是必須要排除不適宜生活的地板（會滑的材質、過於平整、不衛生等）。

寵物兔子也會踏步

寵物兔子在不滿或者想威嚇的時候，據說經常會踏步。當中也有一些兔子是在高興或者興奮的時候會踏步。

2

塗抹藥劑改善居住環境

在患部上塗抹藥物。另外，如果原因是肥胖，就要減肥；原因在居住環境的話，就將地板換成適宜生活的款式，盡可能讓牠在走路時不會對腳產生負擔。

非後腳的胼胝

在上下有高低落差處時，體重會放在前腳上，因此也會摩擦到皮膚。如果反覆發生這樣的事情，那麼前腳也有可能會發生胼胝。

3

讓地板有坑洞

兔子的腳沒有肉球，因此如果只有一部分腳底踩在地板上走，那個部分的毛就會變稀疏，造成該處紅腫。為了要讓牠能均勻使用腳底，可以鋪上孔眼很小的木板條板，讓地板變成有坑洞的狀態。另外，為了能夠比較輕鬆檢查腳底，讓牠習慣被飼主抱起來也非常重要。

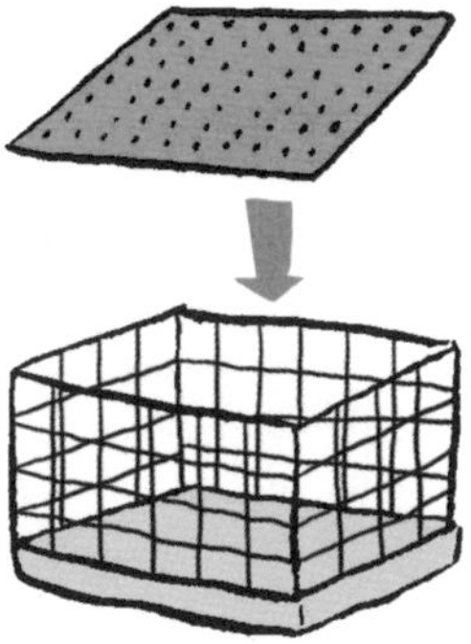

配合腳底的狀態使用

雖然叫木板條板，但其實有木製、金屬製、樹脂製各種板子。如果牠經常踏步，那麼建議板子要選擇比較有彈性的來組裝。如果腳底的毛非常稀疏，那麼就不要用木製的。

※　為了讓夥伴發覺危險而踩踏地面的動作。

腦部疾病

斜頸的應對方式

1

何謂斜頸？

斜頸是指兔子的頭歪歪的狀態。主要是由於一種名為兔腦炎微孢子蟲的寄生蟲造成，或者細菌感染，導致腦部或耳部發炎。這會造成身體無法取得平衡而跌倒，所以會一直倒著不動，需要照護。

因平衡感變差而歪斜

耳朵當中的前庭被寄生蟲寄生，或者遭到細菌感染就會發病，但有時候發病原因不明。頭會傾斜是由於前庭是掌管平衡感的器官。

2

最重要的是盡早處理

耳朵檢查、X光片檢查、抽血等等，找出斜頸的原因。主要的治療方式是給予抗生物質。如果能夠在初期階段就進行處理，就有可能治療好，但視惡化情況嚴重度，也可能會難以治癒。

生活上的注意事項

為了不使其惡化，最重要的就是保持居住環境清潔。另外，若是頭部傾斜角度過大，很可能會發生眼睛接觸到地面而引起發炎的情況，因此也要多加留心眼睛。

3

在籠子裡鋪柔軟的東西

如果有斜頸的症狀，橫躺倒下的時候很可能會打起滾來。為了避免牠受傷，請盡量不要使用過於寬廣的籠子，同時幫牠在籠子的地面上鋪柔軟的枕頭等，並且擺設成可以包圍兔子的樣子。

滾動行為

身體倒下然後打滾的動作，就稱為滾動行為。因為牠會趴在地上滾，所以就算在籠子裡還是有可能會受傷。

眼睛疾病①
白內障的應對方式

1
何謂白內障？

有時會因為年齡增長而發生白內障。眼睛變成白濁色，最後會失去視力。

原因並不止有老化

老化造成眼睛性質的變化、受傷、荷爾蒙障礙等，有許多原因會造成眼睛裡的水晶體變混濁，而成為白內障。

2
使用藥物可以減緩症狀惡化

如果是因為老化產生白內障，那麼視力幾乎是無法恢復的。一般來說會使用眼藥，讓白內障的惡化情況趨緩。兔子原本的視力就不是很好，因此只要習慣了有白內障之後的視力，也能夠過得非常有活力。

視力確認法

使用掉落之後不會發出聲響的東西，就能確認視力狀況。化妝棉等物品如果掉落在兔子眼前，牠卻沒有用眼睛去追著東西看的話，就表示牠看不見。

3
不要更換擺設

如果兔子因為白內障而視力衰減、逐漸看不見的話，就很容易撞到東西。請盡量不要頻繁移動家具，或者更換室內擺設。

不要嚇到兔子

請好好思考應該要如何面對眼睛看不見的兔子。不要忽然把兔子抱起來，或者觸摸牠使牠受驚，都是非常重要的。

眼睛疾病②
結膜炎的應對方式

1
由氨氣或巴斯德氏菌引發

覆蓋在眼球表面及眼瞼內側的黏膜稱為結膜，若眼瞼內側的黏膜發炎，就稱為結膜炎。這可能是因為尿液產生的氨氣或巴斯德氏菌引起的。

不要傷到眼睛

籠子裡的灰塵或牧草屑等異物跑到眼睛裡，也會造成結膜炎。請維持居住環境的清潔。

2
點眼藥必須遵守規定次數

首先請到動物醫院確認結膜炎的原因。如果是異物造成，就取出異物；如果是細菌造成的，就以添加抗生物質的眼藥治療。眼藥請遵守動物醫院説明的次數使用。

溼答答是不行的

如果眼睛周圍一直溼答答的，就很容易引發皮膚炎。請習慣只要牠的眼睛周圍濕掉了，就要幫牠擦乾。

3
防止再次發生

必須幫牠擦掉眼淚或眼屎，維持眼部周圍清潔。眼睛異常是其他疾病也會出現的症狀，因此不要太過樂觀，請帶去醫院檢查看有沒有任何異常狀況。

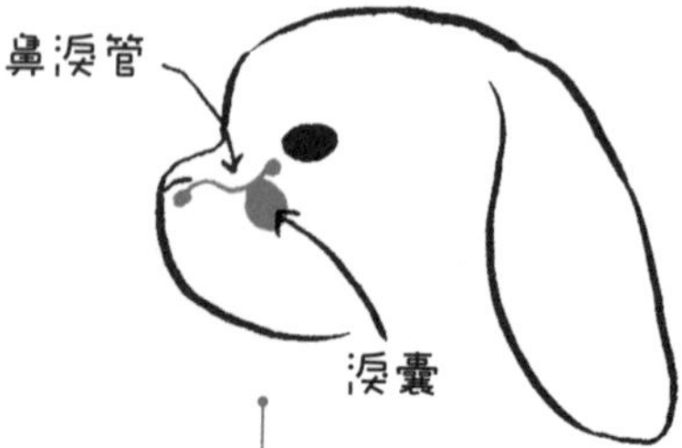

原因也有可能是咬合不正

由於牙齒的齒根就在眼睛附近，如果因為咬合不正（P96）導致牙齒持續生長，就會壓迫到鼻淚管，引發淚囊炎。

耳朵疾病

耳疥癬、外耳炎的應對方式

1

耳疥癬會引發外耳炎

耳疥癬正如其名，是指寄生在耳朵當中的疥癬蟲。兔子被強烈搔癢感侵襲，會覺得壓力很大。尤其是老兔子由於免疫力衰退，比較容易感染耳疥癬。如果疥癬蟲在耳朵裡繁殖，就會引起發炎，造成外耳炎。

由耳疥癬引發的疾病

除了外耳炎以外，還可能引發中耳炎、內耳炎。若耳部發炎惡化過於嚴重，甚至可能引發斜頸（P106）等神經性症狀。另外，也可能因為過於在意耳朵而食慾不振，導致腸胃鬱滯（P94），因此若發現牠似乎很在意耳朵，就要立刻前往動物醫院。

2

驅除耳疥癬

耳疥癬可以使用藥物治療。只要耳朵當中有殘留疥癬蟲的卵，就很容易復發，因此到完全治癒為止，要很有耐心。驅蟲藥分為皮膚滴劑、點耳藥、注射藥劑等，非常多種。

治療是長期作戰

投藥治療只能驅除耳疥癬成蟲，但無法驅除蟲卵。因此，要一次治療就治癒是非常困難的。耳疥癬蟲的成長周期大約是3週左右，進行2～4次的治療，才能消滅所有成蟲。

3

在乾淨的環境下接觸

若室內只有養一隻兔子，那麼疥癬蟲其實不太會寄生到兔子身上。但是疥癬蟲的傳染力很強，因此要注意接觸傳染。接觸其他兔子以後，務必要洗手。如果要接回新兔子，務必要去動物醫院檢查過後再讓牠們見面。

養多隻兔子要更加小心

兔子聚集的場所容易成為疥癬蟲的溫床。如果有一隻感染疥癬蟲，就很可能傳染給其他每隻兔子。

臥病在床①

整治環境

為了不要讓牠臥床不起，抱牠的時候也要多加注意，更要留心不能發生從高處掉落的意外。

配合兔子整頓環境

兔子會臥病在床的主要原因，除了斜頸（P106）以外，還有因為老化造成腰腳衰弱、脊椎或腳骨骨折等。

兔子的骨骼原本就不是很堅強，老化之後會更加脆弱。因此老兔子非常容易骨折，並且一旦骨折就很難治癒。

如果牠臥床不起，那麼就幫牠把環境調整成舒適一些的樣子吧。也需要照顧牠吃飯等等。

1 睡床要在牠習慣的場所

如果牠臥床不起之後移動牠的床鋪，很可能因為環境變化造成牠的壓力。可以的話就讓牠待在以往的場所。

環境非常重要

有時候太過為牠著想，反而可能造成牠的困擾。請尊重兔子的心情。

2 經常餵食

就算睡床旁邊就有餌食，如果牠臥床不起，就無法自己去吃。為了讓牠的腸胃持續蠕動，只能經常餵牠食物。請依據兔子的狀態，以滴管或注射筒餵牠泡軟的飼料等流動食品（P129）。

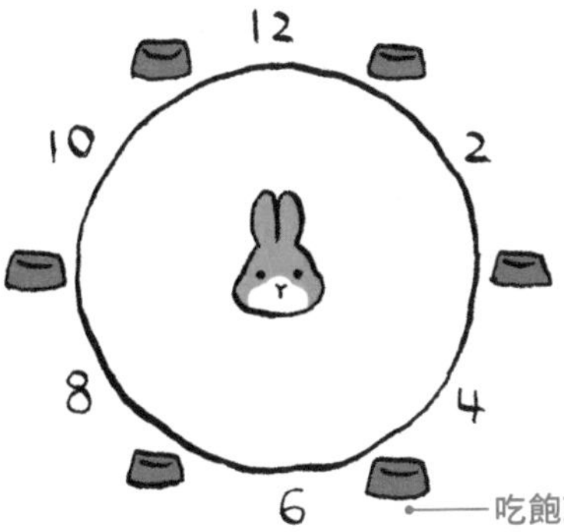

吃飽就睡非常好

只有吃與睡的生活也是必須的。

3 按摩可以去除四肢水腫

一直躺著不動，四肢就很容易水腫。可以幫牠搓揉腳尖到腿部，幫牠促進血液循環。

兔子也喜歡按摩

牠和人類一樣，請幫牠按摩腳尖到腿部吧。

臥病在床②

防止褥瘡

有些兔子就算臥床不起，還是非常躁動。為了避免牠受傷，請用柔軟的材料幫牠打造一個合適的睡床。

配合症狀下工夫

如果臥床不起、一直保持相同姿勢，就很可能會發生褥瘡。所謂褥瘡，是身體被體重壓的部分血液循環不良，導致皮膚發炎、形成傷口。尤其是重量較重的大型兔子更要特別注意。小型兔子也可能發生被壓迫處皮毛脫落變稀疏的狀況。

為了預防褥瘡，除了幫牠翻身以外，也必須多用點心，配合牠的狀態、幫牠把睡床換成聚酯材料等具有適當彈性的物品。

抱起來變換方向

雖然一樣是寵物，和大型犬等相比，兔子非常輕。就算要抱牠起來，飼主也不必擔心腰痛。

1

幫牠改變身體方向

長時間用同一個姿勢睡覺，就很容易發生褥瘡。請大約每2～3小時就輕輕抱起兔子，幫牠換一下睡覺的方向。

2

容易發生褥瘡的部位

臉頰、肩膀、腳腕、腰、腳踝等骨骼有突出的部位，很容易由於體重而受到壓迫。請仔細觀察。

注意突出處

兔子雖然非常輕，但還是會發生褥瘡。請留心有沒有哪裡受到壓迫。

3

減緩褥瘡的產品

睡床使用聚酯產品、容易發生褥瘡的地方幫牠鋪靠墊來分散體壓。最近有許多照護兔子用的產品，請善加利用。

不是兔子用的也可以

並不一定要使用兔子專用商品。可以試試狗用、貓用或者人用的東西，只要適合兔子就OK。

臥病在床③
照護排泄

臥床不起的兔子免疫力會衰退。請維持睡床清潔以預防感染性疾病。記得排泄物要立刻清除。

配合程度進行照護

臥床不起情況下的排洩，也要盡可能為牠保持清潔的環境，這是最重要的。為了讓牠隨時可以排泄，先在睡床上鋪好寵物墊，排泄後盡快幫牠換上另一張墊子。如果寵物墊一直都髒髒的，兔子可能一挪動身體，就會沾附排泄物髒汙。若是在夜晚無法一直盯著牠的時間，利用貓用尿布也是個方法。但如果一直包著尿布，會非常悶熱，要多加注意。

1
壓迫排尿、排便要先接受獸醫師指導

如果牠無法自行排泄，就壓按摩腸道、膀胱、肛門，壓迫並促進排泄。請務必在接受獸醫師指導後再進行。

習慣之前會很辛苦

壓迫排尿、排便非常需要懂得絕竅。這不是一天就能學會的事情，請慢慢習慣。

2
幫忙牠吃糞便

清晨的時候排出來、宛如葡萄果實形狀的盲腸便營養非常豐富。如果兔子無法自己食用，就幫牠拿到嘴邊，餵牠吃。

用湯匙餵牠

可以用湯匙撈起盲腸便餵給牠。

3
屁股保持清潔

若屁股因為排泄物而髒汙，可以用濕毛巾等幫牠擦乾淨。若一直髒髒的，會引起皮膚發炎。如果牠臥床不起，事先把屁股周圍的毛剪短，照顧起來就會比較輕鬆。

沖洗掉頑固的髒汙

將水裝在桶子裡，只把牠的屁股浸到水中清洗（P42）。洗完以後如果沒有好好弄乾，會引發皮膚疾病，要多加注意。

「臨終看護」醫院的選擇方式

臨終看護期有時會發生意想不到的事情。最重要的就是直接找獸醫師、選擇醫院。

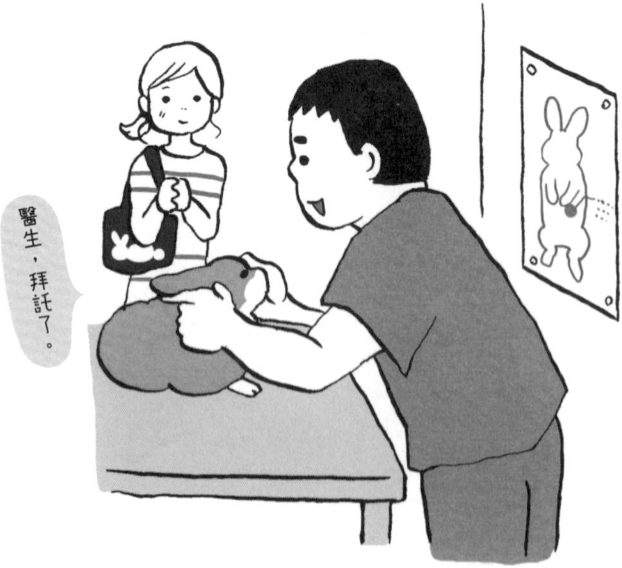

與日常前往的醫生建立信賴關係

隨著兔子年齡增長，去醫院的機會也增加了。為了把將來照護事宜列入考量，請選擇能夠信賴的動物醫院。這樣可以在健康檢查的時候前往，也比較能夠理解獸醫師的想法。

若是接近看護時期，可能會在夜間忽然陷入危急狀態，也要事前確認好緊急時能夠應對到何等程度。若能事先調查兔子診斷經歷豐富的專門醫院（P124），屆時也會比較安心。

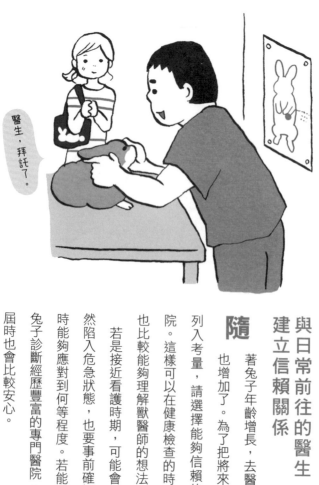

1
出診方案

若兔子的狀況實在太差，判斷後認為最好不要帶牠出門的話，也有些動物醫院接受出診。如果非常在意兔子的狀況，就問問醫院吧。

出診能做的事情

由於能夠帶出醫院的醫療器具有限，因此有些疾病無法以出診的形式診療。請事前確認出診能夠做哪些事情。

2
請先調查自家附近的醫院

考量到移動容易造成兔子的壓力，或可能有緊急狀況，可以的話醫院離自家近一點會比較好。另外，先查好有哪些夜間開放的醫院、兔子專門的醫院也會比較放心。

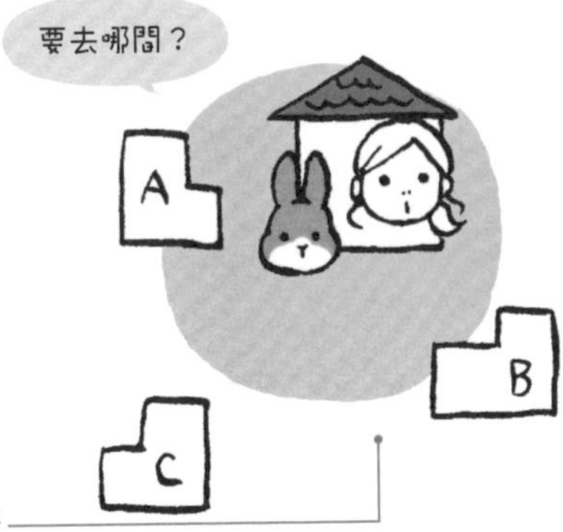

與飼主交流的場所

在動物醫院的候診區，可能會遇到有著相同煩惱的夥伴。可以互訴煩惱、交換情報等，藉此調適自己的心情。

3
思考方式相近的醫院

照護期、臨終看護時期希望進行什麼樣的醫療呢？請平常就和獸醫師多聊聊，建立互信關係。也請選擇與自己的思考方式比較接近的醫院（P122）。

優質獸醫師的判斷基準

除了醫療技術以外，「是否容易溝通」也是判斷獸醫師的基準。

安穩前往醫院

和年輕時候相比，去醫院的機會勢必會增加。請花點工夫為兔子減輕負擔。

平常就讓牠習慣外出籠

請盡量為牠減輕前往醫院的壓力。移動的時候或者在醫院候診室內，請將兔子放在外出籠內。為此，必須要在牠年輕的時候，就讓牠習慣外出籠。可以當成遊戲的一環，用玩具或零食引誘牠，必須讓牠認為外出籠是個安全且能讓牠感到安穩的場所。將外出籠裡面打造成牠會比較舒服的場所，也是非常重要的。

1

盡可能避免長時間移動

兔子對於震動及聲音都非常敏感。請盡可能避免讓牠長時間處在那種環境當中。如果搭汽車，就把外出籠固定在比較不會晃動的後座。

絕對不可以抱著坐車

雖然明白飼主會因為很擔心，而想要把兔子抱在懷裡，但若搭車移動，請務必放進外出籠中。

2

不要讓貓狗接近牠

動物醫院會有各式各樣的動物。如果在候診室當中，接觸到貓狗等動物，也會造成兔子的壓力。請用布料將外出籠蓋起來，遮蔽牠的視線。

不要進入眼簾

注意不要讓牠看到其他動物。在進入診療室以前，絕對不可以把兔子放出來。

3

為了讓牠在籠子裡感到安心

放牠喜歡的牧草或者把平常當睡床的墊子鋪在裡面，牠就會比較安心。為了避免牠在籠子裡滑倒，一定要鋪墊子。

鋪東西的好處

在外出籠裡面鋪東西，除了止滑以外還有其他優點。只要有鋪東西，就算牠在外出籠中排泄，也不會弄髒籠子。

也可以只在白天工作時讓牠住院。希望怎麼做，都請和家人及醫師商量後再下最後判斷。

如果必須住院

決定與醫院聯絡的方式

臨終看護時期很難預測何時會突然惡化。如果在住院的時候突然惡化，也許必須馬上趕過去。如果打電話到家裡會沒人接聽，那麼很有可能會見不到最後一面。為了緊急時刻的聯絡，請告知動物醫院手機號碼，或者在什麼時間可以連絡哪位家人等。另外，除非事有緊急，否則請遵守住院時的會面時間。

1 思考住院的優點、缺點

住院時，兔子可以接受無法在家中進行的良好照護。相反的，也很有可能會因此見不到最後一面。究竟要不要住院，最後還是要由飼主自己判斷。

減輕負擔

經常往來醫院，對於兔子和飼主來說，負擔都非常大。請考量兔子與飼主雙方的負擔情況。

2 最好放進住院籠中的東西

平常使用的毛巾等鋪設用的物品、餐具和飲水器都使用牠習慣的東西會比較好。也要準備住院中牠能夠享用的牧草和飼料。

為了讓牠過得稍微舒適一些

要在不熟悉的場所度日，對兔子來說壓力非常大。因此請放一些牠喜歡的東西在住院的籠子裡，幫牠打造出沒有太大改變的環境。

3 去見住院中的兔子

很能理解飼主在見面時會想要摸牠、想叫牠的心情，但若兔子正在睡覺，就讓牠好好的睡，這樣也是愛的表現。

不是只有我家孩子

在動物醫院中，住院的並不是只有自家的寶貝。雖然很想一直與牠待在一起，但請考量周遭狀況及會面時間。

明白治療的選擇

為了積極面對治療，最重要的是收集正確資訊，並從中選擇可以接受的方式。

飼主也要參加醫療

疾病的治療方法非常多種。最重要的是看清哪些才是必要的。「知情同意（informed consent）」是指聽過獸醫師充分說明治療內容等，飼主應允並且選擇該治療方式。

必須選擇治療方式的時候，可能會感到迷惘。這種時候，請試著以兔子的角度來思考：「該如何做，兔子才會感到開心呢？」這樣應該比較能夠判斷，什麼樣的選擇對兔子來說是最好的。

1

收集「有根據的資訊」

在網路上充斥著各種疾病疾治療相關資訊。請參考有專家監修、可信賴的資訊。

不可囫圇吞棗

寫在社群網站或部落格上的資訊並不一定都正確。不管資訊是否對自己有利，都不要囫圇吞棗，請確認是否正確後再吸收。

2

選擇治療方式的是飼主

聽過獸醫師說明、加上自己收集的資料，該選擇哪種方式呢？為了不要日後感到後悔，請仔細思考，選擇可以接受的方式。

選擇的勇氣

從大量資訊及選項當中挑出符合兔子的項目，非常需要勇氣。該相信哪個資訊、應該選擇哪種方式，都請為了兔子，好好思考。

3

詢問專家的意見

若覺得非常迷惘，除了平常拜訪的醫師以外，也可以詢問對於兔子治療比較有經驗的醫師意見，作為判斷治療方針的決定方式之一。

接受第二意見

除了主治醫師以外，另外尋求其他獸醫師意見，並不需要覺得畏縮。為了要建立能夠傾訴心聲的良好關係，也請告知主治醫師希望能夠詢問第二意見一事。

請帶去專業醫院

讓兔子診療經驗較為豐富的獸醫師看診，可能會有比較多的治療選項。請先和平常前往的醫院商量。

到比較了解兔子的獸醫處

離自家比較近的動物醫院較沒有移動壓力，比較安心。但動物醫院大多都是以貓狗為主進行診療，因此很可能常去但卻遇到治療困難的情況。這種時候請對於診療兔子比較有經驗的醫師治療也是方法之一。畢竟對方已經習慣治療兔子，可以安心將兔子交給醫師。另外，通常也會有許多常去的醫院沒有的設備，能夠提出更多樣化的治療方式。

1
請平常去的醫院介紹

除了貓狗以外的飼養小動物稱為特殊寵物。請平常前往的醫院，幫你介紹專門看特殊寵物的醫院吧。有許多診所是有配合專門醫院的。

請在預約的10～15分鐘前抵達

第一次前往的醫院，在診療前會需要填寫一些文件，因此請保留充裕的時間。

2
自己尋找專門醫院

可以搜尋網路或兔子飼養相關書籍，或者詢問其他飼養兔子的朋友。

委託兔子專門店

也可以詢問兔子專門店的工作人員，請教他們是否認識專門醫院。

3
申請至今為止的治療檔案

檢查太多次會對兔子造成負擔。請向平常去的醫院拿取至今為止的治療及檢查資料，轉交給專門醫院。

能夠拿的檔案有哪些

至今為止的治療紀錄、處方藥劑的資料、血液檢查及X光檢查的結果等等。

投藥基本①

讓牠吃藥粉、喝藥水

1

準備藥物

藥粉可以用水或者牠喜歡的蔬菜、水果果汁溶解，做成液體狀態。將溶解的藥粉或者藥水裝在注射器（沒有針頭的針筒）當中。

是否完全溶解

用藥量會取決於兔子本身。如果藥沒有溶解完全，分量會不太一樣，可能無法發揮正常的藥效，因此一定要全部溶解。

2

支撐身體

餵牠吃藥的時候為了不讓牠亂動，要用單手壓制兔子的身體。如果能夠抱起來的話就抱著牠，不能的話就放在地板上讓牠安穩些。

如果躁動就把眼睛遮起來

兔子只要眼睛被遮起來就會乖乖的。請輕輕蓋住牠的眼睛讓牠安心。

3

從前齒旁邊放入

將注射器從前齒旁邊的縫隙放進去，之後讓藥緩緩流入。

不要一下子擠進去

請配合兔子吞食的速度給藥。

投藥基本② 點眼藥

1
從上方壓制

為了使兔子不要躁動，要從上面壓著。
請注意不要太過用力。

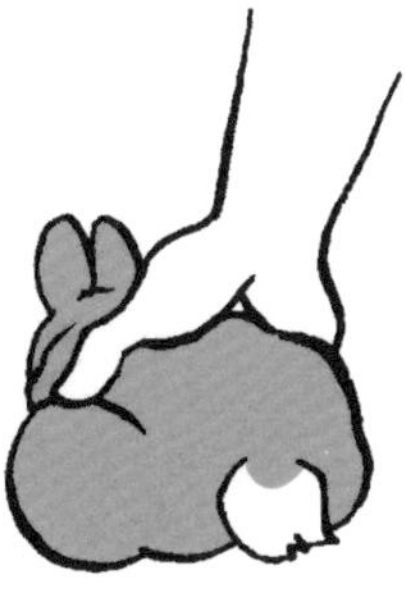

不要勉強抱起來

有些兔子不太喜歡被抱著。若硬是要抱，很可能會害牠受傷，請多小心。

2
點眼藥

用拿著眼藥的手將眼皮向上拉。從正面幫牠點藥的話，牠可能會非常害怕。因此要將眼藥的瓶子放在兔子不容易看見的頭上。

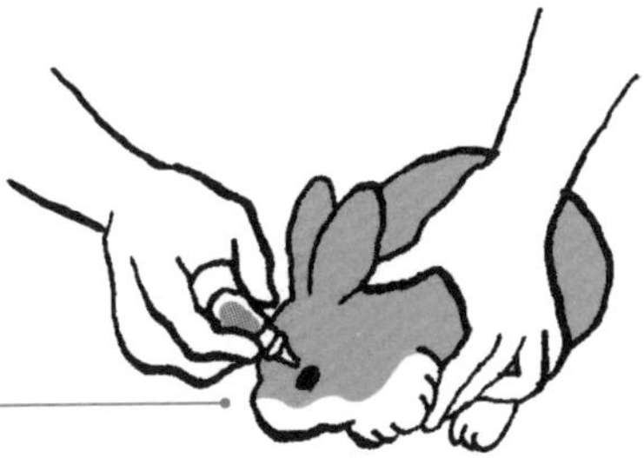

兔子很容易點眼藥

兔子是眨眼次數比較少的動物。有些兔子甚至不需要拉眼皮就能點眼藥。

3
擦乾弄濕的部分

從眼睛溢出的眼藥會弄濕眼睛周遭，請用棉布輕輕擦乾。如果一直溼答答的，很可能會引起皮膚炎。

不要傷到眼睛

兔子的眼睛很大，因此隨手亂擦可能會造成棉布或毛巾擦到眼睛裡去。擦的時候請注意不要傷到眼睛。

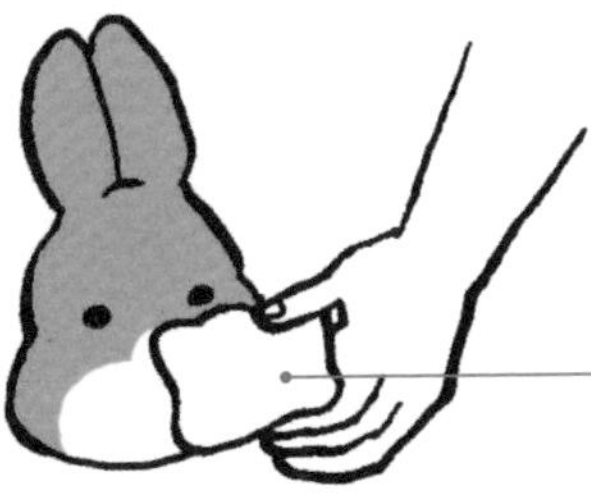

投藥基本③

點鼻藥

1

穩定兔子

如果很難抱在膝上，請用地板來固定兔子。

用浴巾包起來也是個方法

用浴巾把躁動的兔子包起來，牠就會乖乖的。

2

調整姿勢

用單手在地板上固定兔子，另一手將點鼻藥靠近兔子。

不要碰到鬍鬚

點鼻的時候，很容易碰到鼻子周圍，不過兔子很討厭鼻子附近被碰到。牠們的鬍鬚特別敏感，請盡量不要碰到。

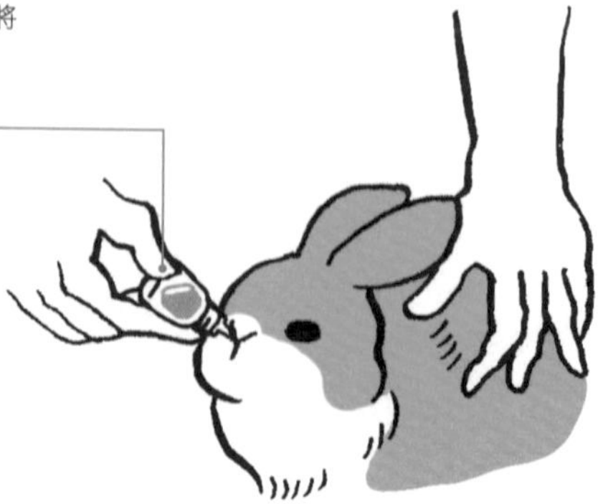

3

滴進鼻孔

請先將兔子的鼻尖朝上。將點鼻藥往鼻孔正中間點進去。

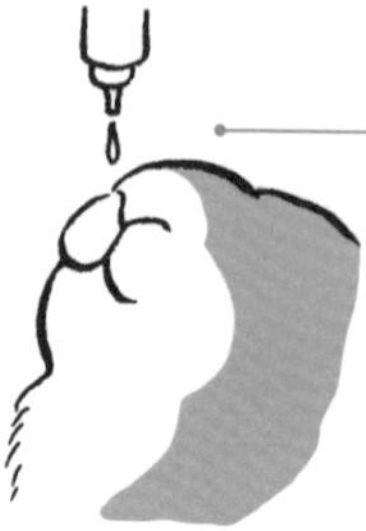

1、2滴就夠了

點鼻只要1、2滴就夠了。請依照醫院說明的方法使用。

在家中看護 強制餵食

1 放在膝蓋上

輕輕抱起兔子，把牠放在自己的膝蓋上，用單手抱著。

注意後腳亂踢

兔子是腳力很強的動物。有時候把牠抱起來的瞬間，牠會用後腳用力踢。如果被爪子很長的兔子踢到，很可能會受傷。進行照護以前也別忘了幫牠打理爪子。

2 以注射器餵食

用來餵牠泡軟飼料的注射器要插到前齒後方，慢慢將食物擠到牠口中。

不要用力擠進去

為了避免嚇到兔子，請慢慢推注射器。如果忽然插進牠的嘴裡，很可能會造成牠受傷。

3 若是躁動就以毛巾包起來

若是兔子開始躁動，沒辦法好好抱著，就用浴巾把臉以外的部分都包起來，這樣牠會比較安穩。

穴居習性

兔子原本是住在洞穴裡的生物。由於牠們有這樣的習性，因此只要身體被包裹起來就會感到安心。

兔子的醫療費用很貴嗎？

狗的一年醫療費用平均是日幣10萬元。兔子可能也是差不多的花費。如果沒有為牠保寵物保險，那麼最好要有一筆存款。

醫療花費與貓狗差不多

寵物並不像人類那樣有國家的健康保險。因此醫療費用全額都必須由飼主負擔。兔子和貓狗不同，會被分類在「特殊寵物」，不過醫療費用和貓狗差不多。這是由於兔子雖然尺寸上比較小，但血液檢查和X光檢查等都是使用相同的機器。不同的治療方法也可能會需要較為高額的醫療費用。如果自行選擇加入寵物保險（P133），也可以依據保險方案稍微減輕負擔。

評估寵物保險

不同寵物保險能夠補貼的有門診、住院、手術的醫療費等。請考量需要支付的保險費以及補償內容是否平衡。

能夠參加的保險非常有限

寵物保險是指支付保險費給保險公司或小額短期保險業者※，若寵物需要醫療費用時便以保險費用來補貼的服務。不同的保險方案當中，醫療費用的補貼比例和內容也不同。兔子能夠使用的保險方案非常有限。除此之外，也有寵物用的補助制度。

有時候由於兔子的年齡和健康狀態，可能會無法加入保險或補助制度，因此想參加保險的話最好早點評估。

※ 只收受小額費用及短期時間方案的保險業者。

COLUMN 4

健康檢查會做些什麼？

希望我家的兔子一直都健健康康長生下去——為此，能夠早期發現疾病的健康檢查是非常重要的。

在兔子的健康檢查中，會執行各式各樣的檢查。首先是視診、觸診、聽診等簡易的健康檢查。如果是外觀上健康無虞的1～3歲左右的兔子，那麼這樣就差不多了。如果過了4歲，很容易罹患各種疾病，因此除了視診、觸診、聽診以外，也進行X光片及血液檢查會比較安心。但是，要幫兔子採血及進行X片檢查比貓狗困難很多，有時候這些檢查會讓兔子陷入恐慌而開始躁動。因此如果牠有食慾、排便也都正常的話，那也沒有必要強制讓牠接受X光片檢查或血液檢查。

健康檢查在4歲以後每年一次、5歲以上就每半年檢查一次會比較理想。到了6、7歲若是沒有進行避孕手術的母兔子，罹患生殖器官疾病的風險會很大，因此一定要接受檢查。另外很重要的是，不要過於相信健康檢查的結果。因為在健康檢查過後還是有可能罹患疾病。若兔子看起來怪怪的，就要立刻帶到動物醫院。

第5章

臨終前後
能為牠做的事

如果是好好幫兔子想過後而選擇的治療或照護，那些決定是不會有錯的。

臨終看護前的心理準備①

守護最後一哩路的家人能做的事

與家人商量後下決定不要後悔

若是兔子已近臨終，飼主很可能會後悔、覺得自己沒能為牠做更多事情。為了不要感到後悔而痛苦，還請在兔子健康的時候，就先和家人商量好，在臨終看護時期自己和家人能夠做到什麼程度，這是非常重要的。

一起度過漫長時間的飼主，是最了解兔子的。如果是掛心牠而下的判斷，應該都是非常正確的。

從飼養兔子起，就必須明白別離時刻終究會造訪。請務必抱持著接受一切的覺悟。

臨終看護前的心理準備②

請理解天下沒有不散的筵席

請不要過於悲觀、有所覺悟地接受這件事情

沒有永恆的生命。一旦過了治療或進行看護的階段，就會進入平靜守著兔子的時間。

如果即將臨終，看著兔子總是會覺得無法承受。但是，飼養動物本就不是只有快樂。必須要接受這一切，包含分離的悲傷。請不要過於悲觀，回顧為了兔子所做的一切、肯定自己，也是非常重要的。

決定要在哪裡臨終

是要讓兔子住院治療到最後一刻，還是帶回家踏上最後一哩路。請考量兔子所剩不多的體力下決定。

必須讓兔子安息

到了兔子壽命接近尾聲的時候，可能要做出決定，是讓牠去動物醫院住院繼續治療，還是帶回家裡靜靜守護到最後一刻。如果讓牠住院，很可能會見不到最後一面，但也許可以活久一點；如果帶回家，在牠突然惡化的時候也許會無法應對，但也許就能讓牠在飼主懷中斷氣。就算飼主外出不在，兔子也能夠在牠習慣而安心的場所靜靜踏上旅程。

為了盡享天年

是要讓牠能多活一天是一天、盡力治療到最後；還是接受這件事情，剩下的時間讓牠安穩度日。除了和獸醫師商量以外，也請和家人好好談過再做決定。

1

請和獸醫師商量能夠治療到什麼程度

請和獸醫師商量如果接近臨終，應該要如何應對。若是慢性疾病或者衰老而心肺停止，就算進行復甦步驟可能也會對身體造成負擔，不一定能夠甦醒，這點還請務必了解。

2

要有可能見不到最後一面的覺悟

如果讓牠住院，要有覺悟可能會見不到牠最後一面。以往灌注的愛情與培養的羈絆是非常強的，兔子並不會覺得這樣無所謂。

決定好若有萬一時的聯絡人

如果能先告知動物醫院急遽惡化時要聯絡誰，就有可能趕得上。

思考最後的場所

嚥氣的時刻是要在醫院，還是在自家，請思考在哪裡道別對兔子比較好。

3

也可以帶回家

為了讓兔子在習慣且安穩的家中嚥氣，也可以把牠帶回家。壽命將走到盡頭的兔子，也不一定要治療到最後一刻，可以選擇讓牠安息的方法。

也可以選擇安樂死

除了將兔子擺在第一以外，不要後悔也是非常重要的。請和主治醫師以及家人商量之後，再下判斷。

如果兔子很痛苦，也能將這個方法列入考量

如果兔子因為疼痛或呼吸困難而非常痛苦，為了讓牠從痛苦中永遠解放，也可以選擇安樂死。最重要的就是兔子是否感到痛苦。如果無法吃東西、也無法排便排尿等等，兔子感到很痛苦的話，那麼就不應該完全否定安樂死這種做法。治療和看護都有其極限。為了不要後悔，最重要的就是經過充分考量再下決定。

情報收集的重要性

如果非常煩惱，請聽聽獸醫師、其他養兔子的朋友等不同的意見。

1
和主治醫師商量

在最後倒數的日子裡，如果兔子一直非常痛苦的話，請試著和清楚兔子狀態的日常獸醫師商量。

2
和所有家人討論再下決定

和所有家人討論、確認每個人的意願。只要有一個人反對，就先暫時擱置這個做法。獲得所有人同意是非常重要的。

選擇大家都能接受的方法

請率直的將想法告訴家人，獲得大家都能接受的結論。

3
確定選擇的話請一起送牠走

既然是所有家人都接受而下的判斷，那麼最後就請大家都到醫院去，一起送牠走。共享這份經驗，才能夠互相理解悲傷的心情。

為了不要後悔

不要讓家人落單沒能送牠走，請全部的人一起送牠、共享這份心情。

家人齊聚一堂於家中送走牠

接近分離時刻時，很容易陷入「我得為牠做些什麼」的想法。但兔子是不喜歡變化的生物，請在日常生活中送走牠吧。

思考兔子需要的是什麼

如果決定要讓牠在家裡走，那麼還請留心要讓全家人靜靜地看著牠。並不需要做什麼特別的事情。就讓兔子睡在牠以往生活的地方、好好的度過最後一段時間，這是最重要的。請整理出能讓兔子感到安穩的環境。

也許在離別之前，會很想把牠抱起來或者摸摸牠，但絕對不可以勉強牠。就讓兔子一如往常，安穩睡去吧。

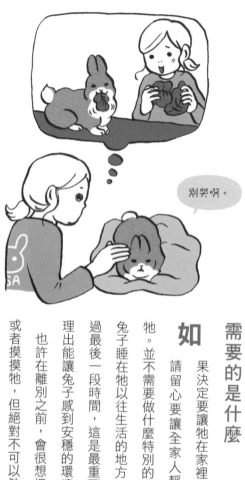

到最後都不要讓牠感受到變化

不要做出兔子討厭的事情，這一點請貫徹到最後。

1 在平常的場所送走牠

兔子是不喜歡變化的生物。為了不要讓牠感受到過大變化，請在以往日常度過的場所送走牠。雖然很在意兔子的狀況而非常擔心，也請靜靜守護牠。

2 不要做平常不做的事情

雖然平常沒辦法，但強烈想要抱牠或者摸牠等，是因為強烈湧上對兔子的愛。但因為是最後就做出特別的事情，並不是為了兔子好。

幫虛弱的兔子保溫

幫逐漸衰弱的兔子保溫並非壞事。請用棉被或動物用加熱器等幫牠溫暖周遭，打造舒適的環境。

3 外出的時候牠可能就踏上旅程了

有時候會在飼主外出時嚥下最後一口氣。即使如此，能在待慣了的家裡走到最後，對兔子來說還是能夠感到安心。因此在家裡送走牠絕對是有意義的。

推算時間

如果希望能見牠最後一面，那麼在臨終看護的時段盡量不要外出。

生命之火即將熄滅的訊號

由於擔心漏看兔子身上的臨終訊號，飼主很可能會對兔子的狀況過度敏感。還請先做好心理準備。

確認最後的訊號，在身旁守護牠

有一些訊號可以讓飼主知道離別時間已近。沒辦法吃東西，也沒辦法喝水。血壓下降、呼吸不穩定、頭朝下。最後就會失去意識。一旦失去意識，就很可能像靜靜睡著那樣嚥下最後一口氣。

但有些疾病可能會造成牠痙攣、躁動等，很可能無法靜靜地走向盡頭，這點必須要有所覺悟。

1
訊號①
血液循環變差

接近最後一刻時，血液循環會變差、血壓下降。如果口腔粘膜部分開始泛白，就是血壓下降的證據。

有時候會看見牠最後的堅持

有些兔子到了最後，即使臥床也會試圖踏步，或者咬緊牙關躁動。

2
訊號②
呼吸變得不穩定

若呼吸變得時快時慢或者很深很慢，也就是不太穩定的時候，就是最後一刻即將來臨的徵兆。

集中精神觀察

一邊觀察牠的表情、一邊看牠呼吸的深度。請溫柔呼喚牠，守在牠身邊。

3
訊號③
頭部朝下

臨終之際會失去意識，如此一來前腳會往兩邊打開，原先抬著的頭也會垂下去。接下來會無法恢復意識，進入昏睡狀態。

頭朝下的原因

臨終之際頭部會朝下，是因為已經沒有力氣抬頭。有時候會全身無力往一旁倒下，兩者都是臨終訊號。

將遺體打理乾淨安放

遺體處理可以委託民間的寵物葬禮公司。不過如果飼主自行處理的話，也可以整理自己的心情，或許也能慰藉兔子在天之靈。

打理乾淨 準備道別

在死去的兔子面前也許會非常痛苦，但還是希望飼主能好好打理牠的遺體。請不要過於勉強，在能夠做的範圍內處理就好。為了一起度過長久歲月的兔子，請抱著感謝的心情準備送走牠。如果先前無法好好撫觸牠，這時候還能感受到牠的溫度。

如果兔子由於膿瘍等疾病，無法好好照料自己，最後也請幫牠擦拭乾淨。

1
將遺體打理乾淨

若是在動物醫院離世，那麼醫院會幫忙打理遺體。他們會幫忙在兔子口中塞棉花，也會把骯髒的地方打理乾淨。

不要過於勉強

若是牠在自家嚥氣，最好還是幫牠把遺體清理乾淨。話雖如此，心情可能還沒整理好，也可以拜託家人或者業者。

2
準備棺材

將遺體打理乾淨以後，就準備棺材或者替代用的箱子來安置牠。天熱的季節為了避免遺體損傷，請放入保冷劑。

死亡之後馬上進行的事情

死後手腳會開始僵硬。請輕輕幫牠將腳彎起，讓牠好好安睡吧。

3
放入棺材中的東西

鋪上牠生前使用的毛巾、放些牠喜歡的零食吧。在火葬之前要取出塑膠、金屬、保冷劑。為了慰藉牠，也可以放一些花進去。

安置棺材

放置遺體的棺材，要安置在不會有陽光直射之處。

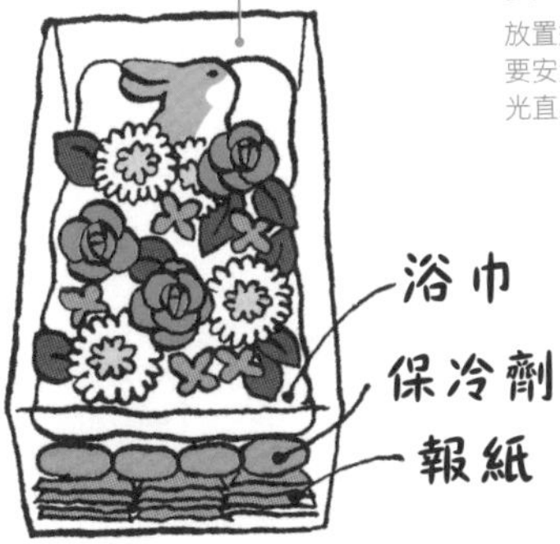

以葬禮送兔子最後一程

現在愈來愈多飼主會為寵物舉辦葬禮。除了祭祀以外，也可以作為整理自己心情的手段。

事前就收集好資訊

如果決定要為兔子辦葬禮，那麼就要委託民間的葬儀社。在看護前後手忙腳亂的時期要尋找葬儀社，可能會非常辛苦。因此最好是在兔子過世以前就和動物醫院商量，請能夠信賴的動物醫院幫你介紹葬儀社吧。詢問有送別寵物經驗的朋友也是個好方法。

是否舉辦葬禮、要不要祭拜等，這些都沒有一定的規則。請和家人商量過後決定。

1
請能夠信賴的動物醫院為你介紹葬儀社

委託動物醫院介紹給你的葬儀社或寵物墓園處理火葬事宜吧。事前確認時間與費用，選擇對家人來說比較妥當的葬禮。

葬儀業者的選擇方式

為了心愛的兔子，請選擇能仔細為你說明的業者。有分葬與個別葬的差異等，金額大約在日幣兩萬元上下。

2
讓牠沉眠於自家庭院

如果家裡有庭院或者土地，也可以埋葬在該處。如果埋得太淺，很可能會有被烏鴉或野生動物刨出的危險。請挖深一點安置遺體或遺骨。

化為遺骨再埋葬

考量到可能會有氣味飄出，最好還是處理成遺骨再埋葬。也可以將骨壺放在手邊。

3
交給寺廟或墓園

也可以將遺骨交給會進行祭拜的寺廟或者墓園。雖然要與牠分離可能會有些寂寞，不過也可以作為看護結束的盡頭。

埋葬至墓地

有公墓、個別墓地、靈骨塔等立體墓地、骨粉自然埋葬墓地等。為了讓兔子能夠安眠，請選擇最適合自己的方式。

COLUMN

5 第二醫師意見

對於飼主來說，當然會希望能夠讓心愛的兔子接受更好的醫療。因疾病或者受傷前往動物醫院診療以後，可能會在意起：「有沒有其他治療方式呢？」在人類的醫療方面，接受一位醫師治療以後，向其他醫師尋求意見，稱為「第二醫師意見」，目前已經很普遍。在動物醫療當中也愈來愈多這樣的情況。

但是，也有些飼主誤會了所謂第二意見的意思。舉例來說，因為覺得一開始的動物醫院診斷出來的結果「總覺得讓人不安」、「跟我想的不一樣」、「我不懂他的說明」等理由，結果去了其他醫院診療。這樣一來就不是第二意見，而是轉院了。

依據兔子不同的疾病或受傷情況，也許有些獸醫師的說明不好理解。但是，能夠保護兔子的就只有飼主。為了要接受良好診療，應該要冷靜沉穩地面對疾病及傷殘，盡力理解治療方式。不懂的事情就開口問，盡可能達成溝通也是非常重要的。

充分理解原先醫院的解說，再去尋求第二意見才有意義。為了兔子好，請正確使用第二意見。

第 6 章

治療受傷的心靈

療癒喪寵失落的方式

失去寵物的悲傷會非常深切，就像是比自己年幼的家人先行老去、踏上終末旅途。請不要過於勉強，慢慢接受這件事情吧。

接受死亡，慢慢往前邁進

失去寵物的悲傷稱為「喪寵失落」。為了將痛苦的別離轉化為回憶，最重要的就是請接受兔子的死亡，好好的悲傷一次。將「悲傷」這種心情釋放出來，才能夠轉為回憶，成為重新起步的契機。

能夠在治療及看護時期都做到毫無後悔的飼主，很少會陷入重度喪寵失落中。在臨終時期盡力看護，也能夠讓自己之後比較快復原。

1
悲傷是每個人都有的情緒

失去寵物的悲傷，是任何人都會有的情緒，這點已逐漸能得到社會認同。請先肯定自己的悲傷，這不是什麼丟臉的事。

尊重誠實的心情

誠實面對自己的心情，吐露真實的想法吧。可以寫在社群網站或者部落格上，不然和別人談談也好。將話說出口，有時能夠找出先前沒發現的內心牽掛或者悲傷的原因。

2
不要過於勉強而拼命努力

失落感可能會影響到日常生活。請不要過於勉強、拼命努力，就依照自己的步調前進吧。也可以找諮詢師商量。

慢慢來沒關係

慢慢來也好，多花點時間面對與兔子共度的每一天，便能將那些快樂回憶刻劃在心上。

3
與能有同感的人談話

詢問失去寵物之人的經驗談、互相聊聊回憶也是不錯的辦法。請第三者展現同理心，能夠成為重新出發的契機。

向他人傾訴悲傷

有些諮詢師會舉辦交流會，或者寵物部落格可能會有飼主聚會等等。參加者都是有失去寵物經驗的人。在與這些人共享思念之時，心情上變積極的時間也會增加。

以對話讓自己接受痛苦

為了跨越悲傷，請踏出第一步。家人開心才能慰藉兔子在天之靈。

脫離悲傷，感謝兔子

在送走兔子、充分悲傷過後，就要準備接受痛苦，脫離喪寵失落。

為了要能夠接受痛苦，可以整理有著快樂回憶的照片、使用遺物及毛皮等製作回憶物品。也可以前往埋葬遺骨的寵物墓園參拜，若是遺骨在家裡就為牠上花祭拜等。重新確認兔子給了自己快樂的回憶並好好感謝牠，這樣心情會比較好一些。

回想與兔子共度的幸福時光

如果因為分別的悲傷，就斷絕新的相遇，那就太可惜了。請回想起與寵物共度的快樂時光。

新的寵物能夠療癒失去兔子的悲傷

為了要從喪寵失落中重新站起來，也可以迎接一隻新的動物。失去心愛兔子的悲傷並不會消失。也許飼主會有「對不起之前飼養的兔子」之類的罪惡感，或者覺得「分別實在太痛苦，不想再養動物了」。這些都非常自然，但有時也會因為新的相遇而感到慰藉。將與兔子共度的日子都化為回憶，與新的寵物展開生活也是一種幸福的形式。

卷末附錄

今日身體狀況記錄

年　月　日　星期

體重　kg

吃飯量

主食：牧草　g
飼料　g

副食：蔬菜　g
水果　g

飲水量

mℓ

排尿次數、狀態

次數：　次

狀態：顏色→
氣味→

排便次數、狀態

次數：　　　　　　　　　　　　　　次

狀態：顏色→
　　　硬度→

身體狀態

眼睛：眼白為白色・眼黑無混濁
　　　眼屎　有・無

鼻子：鼻水　有・無

身體：腰腳→
　　　呼吸→
　　　腫塊　有・無

筆記※

※　如果有「從沙發上掉下來」、「打了噴嚏」等特殊狀況，就記錄發生的時間、次數、狀況。

卷末附錄

高齡兔子標準值檔案

以下整理出體重及排泄狀態等，兔子容易出現身體不適的項目之正常值。

體重（碰觸身體的狀態）

過瘦：明顯摸出堅硬的肋骨及脊椎
剛好：大概知道肋骨及脊椎在哪裡
過胖：摸不出肋骨及脊椎的位置

吃飯量

主食：牧草→牠想吃就給牠也OK
飼料→大約是體重的1.5～3％
副食：蔬菜→少於飼料一成的話可以添加在食物當中
水果→盡可能少一些

飲水量

一天水分量約略量：體重1kg大約是100㎖

排尿次數、狀態

排尿次數：24小時以內2～3次

狀態：黃色、橘色、紅色、乳白色等，依食物而異

排便次數、狀態

次數：一天一次以上（因運動量而異）

狀態：顏色→綠色或棕色等，與食用的牧草相近之顏色

硬度→不會過於柔軟、按下去之後會鬆散開來的硬度

身體狀態

眼睛：眼白沒有混濁、眼睛內部沒有奶油狀堆積物（P66）

鼻子：沒有流鼻水（P70）

身體：毛皮→沒有皮屑（P76）、背後及腳底沒有脫毛（P78）

腰腳→沒有護著腳走路（P74）、沒有腫脹（P80、82）

結語

「臨終看護」是個大家都會稍微避而不談的主題，非常感謝您從這麼多兔子相關書籍中選擇了這本書。

這幾年來兔子逐漸成為受歡迎的寵物，隨著飼養數量增加，牠們的壽命也愈來愈長。在我20多年前成為獸醫師的時候，兔子的壽命大多在6～7年左右，但近年來10歲以上的兔子已經不稀奇了。

活得愈久，就愈需要看護及照顧。兔子非常膽小、敏感，卻又會忍耐各種疾病，努力生存下去。就算是因為白內障而完全看不見東西、牙齒狀況很糟所以臉上有腫瘍、臥床不起等等，只要有飼主的支持，還是能夠在一起很長一段時間。但是，不管如何悉心照料，牠們畢竟是壽命比我們短的生物，因此一定會走到盡頭。

有些飼主並不想看到最愛的寵物嚥氣的那一刻。因此當時候到了，就會陷入不知該如何是好的迷惘、痛苦以及自責中，無法做出任何應對。我每次看見這種人，都會心想：「明明是養最愛的寵物，為何要那樣痛苦呢？你的痛苦無法拯救寵物啊。」對於寵物的疾病、老化，以及死亡，都不需要感到痛苦。我認為好好接受這些事情並且完善看護，才是飼主最後的責任。

不管有多後悔，都無法回頭。記得這一點，在牠還很健康的時候就先考慮好若是生了病，要治療到什麼程度、要以何種形式進行臨終看護等，是非常重要的。若本書能幫助到各位、成為各位開始思考臨終看護的契機，就是我這個監修者最大的榮幸了。

田園調布動物醫院　田向健一

如何陪兔兔走完最後一程

出　　版／楓書坊文化出版社
地　　址／新北市板橋區信義路163巷3號10樓
郵政劃撥／19907596　楓書坊文化出版社
網　　址／www.maplebook.com.tw
電　　話／02-2957-6096
傳　　真／02-2957-6435
監　　修／田向健一
翻　　譯／黃詩婷
責任編輯／王綺
內文排版／洪浩剛
校　　對／邱怡嘉
港澳經銷／泛華發行代理有限公司
定　　價／350元
初版日期／2020年7月

國家圖書館出版品預行編目資料

如何陪兔兔走完最後一程 / 田向健一監修；黃詩婷譯. -- 初版. -- 新北市：楓書坊文化, 2020.07　面；　公分

ISBN 978-986-377-598-0 (平裝)

1. 兔　2. 寵物飼養

437.37　　109006019